集刊

集人文社科之思 刊专业学术之声

U0205954

集 刊 名：中国海洋社会学研究
主办单位：中国社会学会海洋社会学专业委员会
承办单位：上海海洋大学　哈尔滨工程大学
主　　编：崔　凤

Vol.10 Chinese Ocean Sociology Studies

第10期

集刊序列号：PIJ-2013-070

中国集刊网：www.jikan.com.cn

集刊投约稿平台：www.iedol.cn

上海市地方高水平大学建设项目资助

崔凤 主编

中国海洋社会学研究

Chinese Ocean Sociology Studies Vol.10

2022年卷 总第10期

社会科学文献出版社
SOCIAL SCIENCES ACADEMIC PRESS (CHINA)

卷首语

《中国海洋社会学研究》创刊于 2013 年，当年出版了第 1 期，不知不觉，2022 年卷总第 10 期即将出版，这意味着本集刊已经创刊 10 周年了。本着"搭建学术交流平台，展示学术研究成果，扩大学术影响"的办刊宗旨，10 年来，通过学界同仁和编辑部的共同努力，本集刊的编辑和出版还是比较顺利的，基本实现了最初的设想。

为了纪念本集刊创刊 10 周年，本期集刊中有特稿一篇。这篇特稿通过对《中国海洋社会学研究》2013～2021 年发表的 150 多篇论文的梳理，总结分析了过去近 10 年的中国海洋社会学研究的研究进展，包括研究热点、研究路径、研究内容等，分析了已有研究的不足之处，并提出了对未来研究的建议。

本期集刊设有海洋开发与海洋治理、海洋意识与海洋社会、海洋生态文明建设、北极研究 4 个专栏。

海洋开发与海洋治理专栏共有 4 篇论文。《劳动力流动与负责任渔业》一文应用博弈论方法，分别对一次博弈、有限次重复博弈和无限次重复博弈进行比较分析，发现仅在无限次重复博弈情形下，参与者才有遵守《负责任渔业行为守则》、采取负责任渔业措施的内在动力。任何能模拟出或者构建出类似于无限次重复博弈场景的措施，都有助于渔民将"他律"转变为"自律"，更好地实现负责任渔业。《治理、博弈与拯救的竞争与平衡——深海社会地缘政治话语建构刍议》一文认为，深海治理是保证深海地缘政治稳定的根本途径，主权博弈是深海地缘政治的突出表现形式，拯救海洋是深海地缘政治的现实导向。上述三大主题的对立统一，共同影响着深海地缘政治的发展进程。汉尼根较全面地剖析了发生在未知领域的深海处的地缘政治问题，这既丰富了海洋政治学和管理学的理论内容，也有利于进一步推动全球海洋治理和生态环境保护理念的贯彻。其中的重要治理思想与海洋命运共同体这一"中国方案"不谋而合。《国家海洋督察如何形塑海洋环境治理模式》一文认为，国家海洋督察相比于科层制下的常规治理模式，更能改变海洋资源环境管理各个部门各自为政、缺乏整合协调的局面，加强互不隶属区域之间的协同合作，缓解中央与地方之间信息不对称问题，对违反中央政策和国家法律法规的行为进行强力纠偏。国家海洋督察制度打破了科层制下的常规治理模式，改变了海洋资源环境管理中的央地关系、部门关系、区域关系和地方政府间的关系。这在很大程度上重塑着海洋环境治理模式。之所以能够如此，是因为国家海洋督察制度运作中的委托方、管理方、代理方三者的目标协同和信息沟通方式发生了变化。而这种变化的根本原因在于，委托 – 代理关系中的主体结构发生了改变。《海洋社会工作：从议题到领域》一文指出，在海洋世纪，人类海洋实践活动空前活跃，由此会产生特定的社会问题，这些社会问题的出现为社会工作向海洋领域拓展提供了条件。在现阶段，海洋领域的社会工作议题是客观存在的，也是显著和多样的，只是海洋社会工作实务还没有真正开展起来而已。海洋社会工作的形成和发展要经历"作为议题的海洋社会工作"和"作为领域的海洋社会工作"两个阶段。"议题阶段"是海洋社会工作的初级阶段，在这一阶段，海洋社会工作的主要任务是寻找社会工作的海洋议题，开展相关的实务工作，探索实务工作模式。"领域阶段"是海洋社会工作的发展阶段、提升阶段和成熟阶段，在这一阶段，海洋社会工作的服务对象已经明确，更为重要的是海洋社会工作的实务模式已经成熟，包括实务知识、实务技能、工作模式等。这些作为独立的社会工作实务领域的标志，可以使海洋社会工作区别于其他社会工作实务领域。

海洋意识与海洋社会专栏共有 3 篇论文。《中国海疆意识与现代国家治理体系——基于中国传统边疆观的分析》一文认为，一种文化，要有主体意识，才能够去跟其他的文化交流、对话。缺乏对文化主体的研究，任何文本事实上都是没有生命力的表述，因此需要在传统边疆观中进一步认识海洋，也需要在国家海洋治理体系中纳入治理的文化自觉，只有海洋与陆地成为意识与治理的共同体，才能形成一个完整且具有传承力的现代边疆认知体系。只有在传统边疆观中纳入海洋意识，使陆地与海洋成为"两相宜"的共同体，以现代国家观念强化我国海洋意识的文化自觉，在防御体系中渗透海防与陆防互为倚仗的国家安全战略，我们的海洋开发与建设才能最终成为一种强大的"文化力",达到增强我国海洋实力的目的。因此,作为新时代的软实力战略,中国需要构建、传播现代海疆意识,将海疆治理有机地融入现代国家治理体系之中,从物质资料、国防宣传与建设、技术装备与科学研究等方面进行满足国家治理体系和治理能力现代化与海洋命运共同体需要的文化自觉培育。《海洋社会的崛起:20世纪中国航海技术对海洋社会需求的回应》一文认为,在理论上明晰海洋社会的内涵对于实现海洋强国战略目标具有重要的意义,但当前社会学界对海洋社会的讨论缺少了"科学技术"的维度。作为一种"社会建制",航海技术在海洋社会的崛起中起到了十分关键的作用,而20世纪中国航海技术的"民族主义功利"与"经济和技术的功利"在中国海洋社会从"传统"走向"现代"的崛起之路中起到了重要的基础性作用。这些经验对当前通过建设海洋强国来实现中华民族伟大复兴的中国梦具有重要的借鉴意义。《海洋教育的发展现状、挑战与转型》一文指出,在21世纪这个海洋世纪,推动海洋可持续发展,构建海洋命运共同体,加强海洋教育刻不容缓。当前,关于海洋教育的国家政策日趋利好,学术界对此日益重视,社会大众也日益关注这个问题,但海洋教育面临理论研究、发展模式、社会支持等方面的挑战。对此,发展海洋教育亟待在教育政策、教育模式、教育路径等方面实现转型突破。

海洋生态文明建设专栏共有3篇论文。《海洋生态环境损害认定机制标准化研究》一文认为,目前,海洋生态环境损害问题日益突出,相关的认定制度在逐渐跟进。不同于陆地生态环境损害认定,海洋生态环境损害认定机制的构建面临着更为复杂的困境。目前标准化管理已成为新型规制模式的一部分,为此将标准化适时地引入海洋生态环境损害认定机制中,能构建起更为科学的损害认定评估规则体系。另外,因为海洋环境的特性,在构建损害认定机制时要充分参考国际标准,也要结合市场本身的客观规律,充分评估制定标准的主体是否合理。《生态世界观视阈中海洋渔村生态环境的变迁及其原因——以XL岛的秀村为例》一文认为,在生态世界观视阈中,海洋渔村生态环境是由影响海洋渔民在海洋渔村这个生境中生产生活的生态因子所构成的有机体。海洋渔村生态环境的变迁不是外在于村庄的海洋自然环境的变化,而是影响到村民在渔村这个生境中的功能关系的那些生态因子的变化。案例研究表明,"被人为分割的海域""海洋资源可获得性的削弱""海洋工程的连带影响""被污染的浅滩"等就是改变渔村

"生态位宽度"的生态因子，而"海洋的自然性变化""渔村外部力量的干预""渔村内部的变革"等则是导致这些生态因子改变的自然因素和社会因素。《人海和谐与海洋生态文明建设的实践逻辑》一文认为，作为人与自然和谐共生的中国式现代化建设的重要组成部分，海洋生态文明建设的核心要义，在于促进人海和谐共生。基于价值形塑、制度环境与社会主体性的分析框架，随着人与自然和谐共生的中国式现代化建设的推进，人海和谐日渐成为一种为社会所认可的价值理念，推动着海洋生态文明建设不断从文本走向实践。作为一种政府主导型环境政策，海洋生态文明建设对渔民等社会主体具有约束作用，为其生计生活方式的生态转型和可持续发展提供了资源，激发了社会主体的积极参与意识，从而带动人与海洋的关系，以及人际关系、人己关系不断变革并保持动态平衡。随着人海和谐成为推动海洋生态环境治理的社会动力机制，海洋生态文明建设进入实践新阶段。

北极研究专栏共有 2 篇论文。《北极原住民研究：维度、特征与人海关系的再思考》一文认为，在气候变化背景下，北极地区日益成为国际政治热点地区。为应对北极治理挑战，我们需要全面系统地理解当前学术界关于北极原住民的研究成果。北极原住民研究在社会问题、组织形式、国家政策和国际合作四个方面呈现未来利益既得化、两种叙事以及现实主义的特点。目前，北极原住民研究存在碎片化、缺乏连贯性与系统性等问题。为此，相关研究应该进一步系统全面，尝试运用北极原住民与海洋环境关系变化的新视角，填补北极原住民研究的空白，探索北极治理新方向。《中国与冰岛北极合作的现状、动因及前景》一文认为，近年来，在全球变暖的影响下，北极随之热了起来，成为世界关注的热点地区。俄罗斯、美国、加拿大等大国纷纷出台北极政策，而像冰岛这样的小国家虽然在北极事务中有一定的话语权，但力量小，它们的利益诉求往往得不到满足。中国是北极事务利益相关者，在北极有多项权益，却因为是北极域外国家，在参与北极事务的过程中处处受制。在此背景下，中国与冰岛从 2012 年开始进行北极合作。本文在分析中国和冰岛北极合作现状的基础上，探析两国进行北极合作的原因，并展望两国在北极事务上的合作前景。

崔　凤

2022 年 12 月

目 录 Contents

海洋生态文明建设

北极研究

特稿·《中国海洋社会学研究》创刊 10 周年纪念

2013～2021年中国海洋社会学研究进展

——以学术集刊《中国海洋社会学研究》为例

崔　凤　刘荆州[*]

摘　要： 随着国家对海洋战略的高度重视和海洋开发力度的空前加大，中国海洋社会学不断成长，总结学科建设的系列成果具有重要意义。本文以在《中国海洋社会学研究》第1～9期上发表的155篇文章为样本，通过Citespace软件进行了文献计量分析。当前中国海洋社会学研究存在作者合作关系松散问题，研究机构以中国海洋大学为主力，在热点上呈现6条主要研究路径和9条次要研究路径。通过对海洋文化流变与传承、海洋渔村变迁与重构、海洋渔民生计与流动、海洋生态环境治理和海洋现代化发展战略五个研究内容的梳理，本文提出，应以海洋实践的基本研究框架丰富海洋社会学研究的理论体系，并加强多学科和方法集成，推动海洋社会学研究内容深化发展。

关键词： 海洋社会学　《中国海洋社会学研究》　Citespace

一　引言

海洋社会学是一个由中国学者自主创建的社会学分支学科，它是中国社会学界少有的能够体现时代精神和社会实践的理论自觉成果[①]。尽管从时

---

* 崔凤，上海海洋大学海洋文化与法律学院教授，博士生导师，海洋文化研究中心主任，主要研究方向为海洋社会学；刘荆州，上海海洋大学海洋文化与法律学院硕士研究生，主要研究方向为海洋社会学。

① 崔凤：《学科创新与学科自信——以中国海洋社会学的产生与发展为例》，《哈尔滨工业大学学报》（社会科学版）2020年第3期。

间上来看，中国海洋社会学相比于国外出现较晚，但中国海洋社会学在初创阶段更注重学科体系构建①。正是在这样的努力下，从 2004 年庞玉珍教授发表《海洋社会学：海洋问题的社会学阐述》开始算起，18 年的发展历程，使中国海洋社会学成长为一个具有特色化理论脉络的新学科，表现为学科创建的自发性和学科体系建构的规范性。到目前为止，中国海洋社会学已经基本讨论了研究对象、研究内容、研究方法、研究框架等从基本概念到核心问题的学科理论，也形成了对中国现代化过程中出现的典型海洋发展问题的多元化分析。面对"海洋强国""21 世纪海上丝绸之路""海洋命运共同体"等国家战略需求，尤其是《中华人民共和国国民经济和社会发展第十四个五年规划和 2035 年远景目标纲要》《"十四五"海洋生态环境保护规划》《福建省"十四五"海洋强省建设专项规划》《浙江省海洋生态环境保护"十四五"规划》等从国家到地方对海洋事业发展提出了新的要求和期许，中国海洋社会学的理论发展更具活力，一方面表现为中国海洋事业的发展建设需要海洋社会学提供支撑，另一方面表现为海洋社会学在系统而复杂的海洋实践中需要汲取经验，需要将海洋领域中新的社会现象抽象成新的社会学概念，为破解"海洋 +"的概念建构范式问题和完善理论体系建设提供条件②。

为更好地推动中国海洋社会学发展，已有学者通过比较国内外海洋社会学，对国内海洋社会学学科建设、研究内容和进展进行了梳理。其中，陈涛认为海洋社会学初创阶段的理论成果偏重于宏大叙事性研究，学科范畴偏离和自身理论范式欠缺是发展面临的主要问题③，这与刘勤所倡导的海洋社会学应该"走出应然，回归实证"④ 具有共同关注点。另外，刘勤还从海洋社会学的核心概念、体系架构、范式立场和发展进路等方面做了宏观

---

① 崔凤、王伟君：《国外海洋社会学研究述评——兼与中国的比较》，《中国海洋大学学报》（社会科学版）2017 年第 5 期。

② 崔凤：《学科创新与学科自信——以中国海洋社会学的产生与发展为例》，《哈尔滨工业大学学报》（社会科学版）2020 年第 3 期。

③ 陈涛：《海洋社会学学科发展面临的挑战及其突破》，《中国海洋大学学报》（社会科学版）2012 年第 2 期。

④ 刘勤：《走出与回归：关于海洋社会学学科趋向的若干思考》，《广东海洋大学学报》2009 年第 5 期。

性分析①。唐国建在评论上述研究的基础上总结了理论层面的争议和经验层面的推进，按照宏观、中观和微观三个尺度肯定了从海洋开发战略到渔民日常生活的实践贡献，提炼出海洋管理、海洋环境污染与治理、海洋渔民群体和渔民生产生活等研究内容②。海洋社会学的应用社会学属性强调"问题意识"、"学科意识"和"理论意识"③，在注重学科性理论争辩的同时，更应该注重解决海洋实践中面临的问题，所以回顾经验研究的主要内容是不可或缺的。

《中国海洋社会学研究》是中国社会学会海洋社会学专业委员会的会刊，于 2013 年创刊，每年编辑出版 1 期，由中国社会学会海洋社会学专业委员会主办，分别由中国海洋大学社会学研究所（总第 2～3 卷、总第 4～6 期）、上海海洋大学（总第 1 卷、总第 7～9 期）承办，由社会科学文献出版社出版，入选 CNI 名录集刊。2013～2021 年已经连续出版 9 期，它是中国海洋社会学领域研究成果发表的主阵地。2022 年是《中国海洋社会学研究》创刊 10 周年，因此，对该刊历年来发表的论文进行系统回顾与分析具有重要意义。基于此，本文选取《中国海洋社会学研究》2013～2021 年已发表的 155 篇文章，借助 Citespace 软件从发文数量、引用情况、作者、研究机构、热点和主要内容等方面进行定性和定量分析，梳理目前中国海洋社会学研究的前沿观点、存在的问题，为中国海洋社会学的未来发展提供参考。

二 研究方法与文献概况

（一）研究方法

文献计量分析方法是目前总结某一领域研究进展的重要方法。Citespace 软件因为其可以从庞杂的文献内容中提取研究热点、作者和研究机构的合作网络，并通过可视化图谱直观呈现研究格局，进而被广泛运用④。本文根

---

① 刘勤：《海洋社会学：回顾、比较与前瞻》，《中国海洋社会学研究》2015 年卷总第 3 期。
② 唐国建：《建构与脱嵌——中国海洋社会学 10 年发展评析》，《中国海洋大学学报》（社会科学版）2015 年第 4 期。
③ 崔凤：《再论海洋社会学的学科属性》，《中国海洋大学学报》（社会科学版）2011 年第 1 期。
④ 陈悦、陈超美、胡志刚等：《引文空间分析原理与应用：Citespace 实用指南》，科学出版社，2014。

据期刊载文年份将时间设置为 2013～2021 年，在进行作者及其合作关系分析、研究机构分析和关键词分析时，统一设置时间切片（years per slice）为 1，主要关键节点（node types）设置为"keyword"、"institution"和"author"。考虑到文献总体数量和网络结构的突出特征，在进行关键词分析时选了 pathfinder 和 pruning the merged network 两种算法，生成图谱中的关键节点越大表明频次越高。同时，为了防止文献量化研究的片面性和分析深度欠缺，还采用了定性研究方法总结研究热点和研究内容。

（二）文献来源与数量

本文旨在分析《中国海洋社会学研究》在 2013～2021 年所有刊文的作者、研究机构、研究热点和主要内容，借助 CNKI 通过出版物检索定位，选取了其中的 169 篇文章，剔除发刊词 1 篇、卷首语 9 篇、征稿启事与投稿须知 4 篇，共得到有效文章 155 篇。所选文章通过 CNKI 中国引文数据库分析后，可以明确集刊中文章的基本情况。截止到 2023 年 5 月 13 日，所有文章总被引 248 次，总下载 19354 次，每篇平均被引 1.6 次，每篇平均下载 124.86 次，总体趋势可见图 1。从数据上可以看出 2015 年发文最多，为 22 篇，2018 年和 2020 年最少，为 14 篇，近 9 年发文总数呈波动下降趋势，波动幅度在 1～8 篇不等。文献被引数量逐年上升，2014 年被引 2 次，2020 年文献被引总数最高，为 53 次，这表明集刊文章在逐步受到学界关注。但总体被引数量过低，表明该领域内文献影响较小，文献质量有待提升，同时也反映出中国海洋社会学仍处于边缘化阶段。这从《中国社会科学》《社会

图 1　《中国海洋社会学研究》**2013～2021 年刊发文章数与引证文章数总体趋势**

学研究》《社会学评论》《社会》等国内社会学高水平期刊上缺乏海洋社会
学文章也可以看出，海洋社会学在中国社会学界尚缺少一定的话语权。

（三）作者分析

通过对所有样本文章的作者的分析，可以看出主要贡献作者及其合作
关系，这对研究团队建设具有重要意义。Citespace 计算结果表明，155 篇文
章共涉及 146 位作者，其中王书明共发文 14 篇，数量最高；其次是宋宁而
发文共计 9 篇，排名第二；再次是崔凤、赵宗金各发文 8 篇，排名第三；发
文 5 篇的作者有宁波、王建友、张一、林光纪；发文 4 篇的作者有韩兴勇、
张继平；发文 3 篇的作者有同春芬、张良、刘勤、徐霄健、陈晔、张雯和郑
建明。另外还有 38 位作者发文数量为 2 篇，占作者总数的 26.03%；发文
数量为 1 篇的作者有 110 位，占比为 75.34%。这表明集刊涉及的作者数量
较多且相对分散。通过 Citespace 的作者共现图谱，可以进一步分析作者的
合作网络，具体参见图 2。

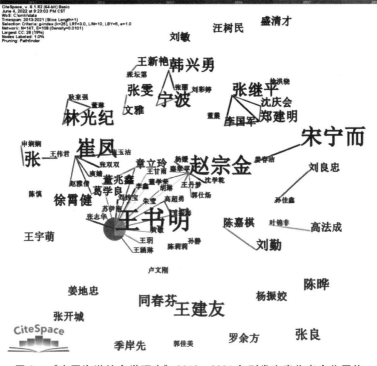

图 2 《中国海洋社会学研究》2013～2021 年刊发文章作者合作网络

从图 2 可以发现百余位作者呈现相对分散状态，尽管图中有 6 个较大网络和 7 个单向节点，但是网络结构相对简单，各网络之间缺乏显著合作关系，其中仅以崔凤、王书明和赵宗金为代表的三个网络呈现简单关联。通过深入分析文章作者情况可以发现，这种网络结构的单向性和分散性主要源于文章作者以导师及其学生为主，师承合作关系明显。

（四）研究机构分析

目前集刊内的研究机构基本上集中于几所海洋类高校，其中以中国海洋大学最为显著，然后分别是上海海洋大学、广东海洋大学和浙江海洋大学。中国海洋大学法政学院发文数量最多，达到 40 篇，占刊发文献总数的 25.81%；以中国海洋大学法政学院社会学研究所和中国海洋大学为研究单位的文献分别有 22 篇、16 篇，二者共计占比 24.52%。中国海洋大学国际事务与公共管理学院发文 14 篇，教育部人文社科重点研究基地中国海洋大学海洋发展研究院和中国海洋大学文学与新闻传播学院各发文 5 篇，中国海洋大学高教研究与评估中心发文 3 篇，中国海洋大学法学流动站发文 1 篇。中国海洋大学的累计贡献率达到 68.39%。上海海洋大学及其所属单位发文 32 篇，累计贡献率为 20.65%；广东海洋大学及其所属单位共发文 24 篇，累计贡献率为 15.49%；浙江海洋大学共发文 15 篇，累计贡献率为 9.68%。从图 3 可以看出以中国海洋大学和上海海洋大学为中心

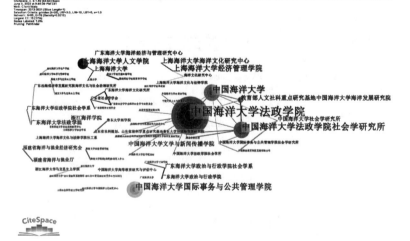

图 3 《中国海洋社会学研究》2013～2021 年刊发文章研究机构合作网络

形成了 5 个关键节点，主体研究机构的合作关系较为紧密，以自身为中心向其他单位辐射，但基本上以学校内部各单位合作为主，跨校和跨机构合作程度不高。

三 中国海洋社会学研究热点分析

（一）研究热点梳理

根据 Citespace 计算得到的关键词共现图谱可以追踪历年来中国海洋社会学关注的重点问题，具体可见图 4。统计结果中海洋文化出现频次最高，达 11 次；其次是海洋意识和渔村，各出现 5 次；海洋渔民和转产转业各出现 4 次；海洋社会、海洋渔村、海洋强国、海神信仰、海洋实践各出现 3 次；出现 2 次的有失海渔民、人海关系、海洋事业、海权、渔民、社会保障、弱势群体、海岛、社会变迁、海洋开发、沿海渔村、城市化、小型渔业等。这些研究热点与海洋社会学的研究内容基本一致，囊括了海洋观调查与研究、海洋区域社会发展研究、海洋社会群体与社会组织研究、海洋环境问题研究、海洋渔村研究、海洋民俗研究和海洋政策研究等[1]。从对应关键词的时间序列分布来看，2012 年党的十八大报告中提出的"提高海洋资源开发能力，发展海洋经济，保护海洋生态环境，坚决维护国家海洋权益，建设海洋强国"[2] 为海洋社会学发展提供了土壤。海洋社会、海洋文化、失海渔民、人海关系最早出现在 2013 年，当时《中国海洋社会学研究》集刊出版第 1 卷，在注重学科体系建设的情况下，海洋社会作为学科的研究对象和核心概念问题无疑需要进一步讨论。海洋社会在概念上并不具备共同的生活地域和互动的社会关系，被看作具有自身独特属性的陆地延伸文化[3]，这一论点与"人类社会就是海洋社会"形成了鲜明的对比[4]。

[1] 崔凤：《海洋社会学：社会学应用研究的一项新探索》，《自然辩证法研究》2006 年第 8 期。
[2] 《建设海洋强国的内涵》，http://theory.people.com.cn/n/2013/0415/c40531-21142406.html，最后访问日期：2022 年 6 月 3 日。
[3] 宁波：《关于海洋社会与海洋社会学概念的讨论》，《中国海洋大学学报》（社会科学版）2008 年第 4 期。
[4] 黄建钢、王礼鹏：《论"海洋社会"及其在中国的探讨》，《中国海洋社会学研究》2013 年卷总第 1 卷。

2014 年最突出的是讨论海洋意识和海权，这是维护海洋权益和建设海洋强国的体现。钓鱼岛事件和南海争端反映了维护国家海洋权益的重要性，也突显了我国公众海洋意识薄弱的问题①，海洋意识作为一种"海洋观"，需要通过海洋教育来培养②。中国海洋社会学论坛第五届的主题为"21 世纪海上丝绸之路建设与海洋生态文明"，2015 年文章的热点集中于丝绸之路、政府政策体系、制度创新等内容，并对海上丝绸之路进行了海洋社会学视角的解读，认为海洋社会学应该研究海上丝绸之路相关国家、地区、海洋社会各个组成部分及其相互关系，探讨海上丝绸之路海洋社会的产生、发展及其规律③。2016 年的热点是海洋渔村、社会变迁、海洋开发、城市化和产业化，相比于往年关注渔民转产转业的社会保障和生计问题，该年更关注城市化和产业化背景下渔村内部产业结构、生产生活方式和风俗文化的陆化过程④。

2017 年在强调海洋强国建设的理论和实践背景下，海洋实践囊括了海洋非物质文化遗产、海神信仰、小型渔业和人口红利等热点问题。海洋实践是人类开发、利用和保护海洋等实践活动的总称，因为面对的自然客体是海洋，相比于农耕社会和游牧社会，其全面性、高风险性、高科技性、发展性、海陆一体性和嵌入性等特点使其独具魅力⑤。2018 年更加关注海洋社会和海洋生态文明建设，热点内容主要为学科建设、环境公正、环境抗争等。中国海洋社会学理论发展中突出了"海洋社会事实"的重要性，已有海洋社会学研究更多是借助海洋学、地理学和生物学等自然科学提供的"海洋社会事实"开展，这不利于学科体系建构和科学意识培育⑥。调查沿海居民对海洋环境风险的感知状况，发现了性别和政府信任变量具有显著

---

① 赵宗金、沈学乾：《海洋意识的变迁及其建构研究——基于建构主义的分析视角》，《中国海洋社会学研究》2014 年卷总第 2 卷。

② 高法成、周娟：《从海洋文化到渔民社会：海洋教育与意识的培育路径分析》，《中国海洋社会学研究》2014 年卷总第 2 卷。

③ 林光纪：《时空、文化叙事与海洋族群——海上丝绸之路的社会学研究若干要点》，《中国海洋社会学研究》2015 年卷总第 3 卷。

④ 崔凤、葛学良：《沿海渔村的陆化变迁——基于 L 村的调查》，《中国海洋社会学研究》2016 年卷总第 4 期。

⑤ 崔凤：《海洋实践视角下的海洋非物质文化遗产研究》，《中国海洋社会学研究》2017 年卷总第 5 期。

⑥ 刘敏：《海洋社会事实与中国海洋社会学》，《中国海洋社会学研究》2018 年卷总第 6 期。

相关性，体现了海洋环境风险感知的结构化差异①，这是扎根社会调查的一种"海洋社会事实"呈现方式。

2019 年在坚持传统议题的基础上突出了国际视野下对海洋社会学的解释，其热点不仅涵盖养老困境、休闲渔业、民间信仰、海洋权益、围填海等基本问题，还包括欧洲、人海关系和全球化等，这种国际化视野分析对推动中国海洋社会现代化具有积极意义。2020 年的热点关键词为记忆生产、信仰空间、人口流动、生态扩张、督察体制、文化认同等，同时也有海洋社会学基础理论研究。其中通过"海洋社会"内涵来解读"海洋命运共同体"的文章明晰了人类海洋实践中的共同利益，凸显了学科价值②。2021 年紧扣第十一届中国海洋社会学论坛议题"海洋治理体系和治理能力现代化"，关键词为海洋治理、基层治理、应急管理、政策变迁等，其中也有对海洋政治学的理论性思考，强调为党和国家的海洋理念、海洋政策、海洋价值和海洋政治提供理论支持，指导海洋事业的发展③。

图 4　《中国海洋社会学研究》2013～2021 年刊发文章关键词共现

---

① 赵宗金、郭仕炀：《沿海地区居民海洋环境风险感知状况的研究——基于青岛市的调查》，《中国海洋社会学研究》2018 年卷总第 6 期。

② 宋宁而、张聪：《"海洋命运共同体"与"海洋社会"：概念阐释及关系界定》，《中国海洋社会学研究》2020 年卷总第 8 期。

③ 黄建钢：《"海洋政治学"研究：必要性、创新性和可行性》，《中国海洋社会学研究》2021 年卷总第 9 期。

（二）研究路径分析

根据关键词共现图谱进一步梳理研究热点的横向关联，可以明确中国海洋社会学研究的发展脉络、路径导向和基本特征。图 4 显示，海洋文化和海洋实践之间的关键节点最为明显，表明这二者是《中国海洋社会学研究》刊发文章最主要的两个方向。海洋社会作为海洋社会学的核心概念，体现在"海洋文化－渔村－海洋社会－历史"的研究进路中，这并不是说海洋社会在相关研究中弱化了其主体地位，反而表明近年来学者们从概念体系上的争辩逐步转向讨论海洋事业发展的现实问题，注重从经验材料中阐释海洋社会。总体上可以看出，围绕海洋文化、海洋强国、海洋渔民、失海渔民、海洋开发和海洋意识形成了 6 条主要研究路径。在路径演进中，海洋实践尽管只是海洋文化发展中的一个细微分支，但是它却形成了一个较大的关键节点，这充分说明了运用海洋实践概念阐释海洋社会现象的重要意义。海洋社会因与陆地社会的二元桎梏，被怀疑是否存在，发展形态也颇受争议。海洋实践以统筹思维将陆海的对立统一关系囊括在一体化理念中，揭示的"海洋社会性现实"问题跳出了只见地域空间特性而忽略实践主体行为特性的困境，这有助于我们厘清海洋社会学的研究对象①。

由于总体文章量相对较少，按照关键词频次计算共现时会产生细分领域，本文依次结合海神信仰、海权意识、海洋灾害、基层政府、乡村振兴、环境公正、小型渔业、涉海高校、渔村妇女总结了 9 条次要研究路径。其余例如海岛乡村、海洋文明、围填海、乡村管理、民间信仰、民生、生态扩张等次要研究路径，因为在范畴上属于前者，可能仅在研究案例和论证材料上略有差异，所以不详细讨论。具体主次研究路径见表 1。从表 1 中可以看出海洋社会学研究方向呈多元化发展趋势，其中海洋"三渔"问题、海洋社会组织、海洋社会群体、海洋文化、海洋社会变迁、海洋环境问题等研究热点在积极探索与农村社会学、组织社会学、文化社会学、发展社会学、环境社会学等主流社会学领域的接轨②。同时这些议题是社会学领域的典型问题，需要结合历史学、民俗学、管理学、传播学等其他学科的理论进

① 崔凤：《海洋实践视角下的海洋非物质文化遗产研究》，《中国海洋社会学研究》2017 年卷总第 5 期。

② 崔凤：《海洋社会学与主流社会学研究》，《中国海洋大学学报》（社会科学版）2010 年第 2 期。

行分析，表现出了海洋社会学的兼收并蓄特征。

表 1　《中国海洋社会学研究》2013～2021 年刊发文章的主要和次要研究路径

序号	主要研究路径	次要研究路径
1	海洋文化 –（海洋实践 – 民俗 – 传统艺术）/（渔村 – 海洋社会 – 历史）/（人类文明 – 发展动力 – 海岛 – 疍民社区）/（大陆文化 – 开放 – 保守）/（海洋产业 – 旅游产业 – 文旅融合）	海神信仰 – 多神共存 – 上海地区 – 唐五代
2	海洋强国 – 海洋世纪 – 海洋事业 – 海洋政治 – 海权	海权意识 – 中文报刊 – 传播 – 传教士
3	海洋渔民 –（弱势群体 – 渔民雇工）/（基层治理 – 休渔制度 –）/（南海海域 – 沿岸捕捞）	海洋灾害 – 应急管理 – 政策变迁
4	失海渔民 –（社会保障 – 受害者）/（多重衰竭 – 发展资源 – 振兴）	基层政府 – 制度创新 – 去污名化
5	海洋开发 – 社会变迁 – 海洋渔村 – 转产转业 – 城市化	乡村振兴 – 动态稳定 – 人口流动
6	海洋意识 – 海洋教育 – 学科意识 – 公民意识 – 心理意识	环境公正 – 环境抗争 – 城市居民 – 乡村居民
7		小型渔业 – 渔业社区 – 技术红利 – 人口红利
8		涉海高校 – 海洋元素 – 审美教育
9		渔村妇女 – 就业 – 影响

四　中国海洋社会学研究内容分析

通过对中国海洋社会学近年来的作者、研究机构、热点、研究路径等态势的分析，可以初步呈现发展轮廓，但仅从关键词词频统计和共现并不能深入分析目前成果的研究方法、研究意义、研究结论等问题，尤其无法分析研究内容的局限，更无法判断后续研究的发展方向和提升空间。因此本文在关键词共现基础上采用 Citespace 的聚类算法，将关联紧密的多个关键词高度概括为一个中心词，为笔者对研究内容进行系统分析提供参考。计算结果一共形成了 23 个大型聚类，由于文章总量偏少，笔者更改了聚类呈现最大数量，一共形成了 87 个聚类。结果显示，聚类模块值（Modularity Q）为 0.9312，明显大于 0.3，充分表明聚类结构合理；聚类平均轮廓值（Silhouette S）为 0.8189，大于 0.7，处于令人信服的水平①。参考图 5 显示的聚类结果，可以看出目前海洋社会学研究主要集中讨论了海洋文化流变与传承、海洋渔村变迁与重构、海洋渔民生计与流动、海洋生态环境治理和海洋现代化发展战略。

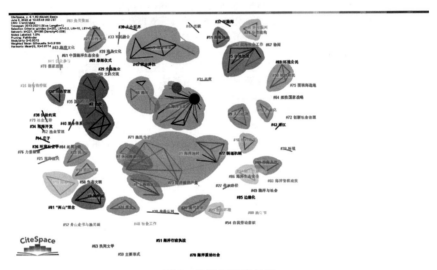

图 5　关键词聚类结果

说明：由于图片呈现原因，还有 6 个聚类没有体现，具体包括#46 海洋生态文明示范区、#53 理念、#55 偏远渔村、#56 海洋环境污染、#66 文化认同、#82 问卷调查。

（一）海洋文化流变与传承

海洋文化是指由以涉海活动为主导的谋生方式孕育和发展而成的文化②，它是构成海洋社会的主要元素之一，在文化上的认同不仅能够区分海洋社会群体类别，还能产生推动或阻碍人类文明发展的作用力。学者们主要论述了海洋文化的起源、意义和作用等内容，尤其是与陆地文明的鲜明对比引发的理论性思考，成为回应东西方文化优劣之说的有力论据③。中华海洋文化具有"协和万邦"的理念④，开放、保守并不是某一文化类型的固

---

① 陈悦、陈超美、胡志刚等：《引文空间分析原理与应用：Citespace 实用指南》，科学出版社，2014。

② 庄国土：《中国海洋意识发展反思》，《厦门大学学报》（哲学社会科学版）2012 年第 1 期。

③ 宁波：《关于海洋文化与大陆文化比较的再认识》，《中国海洋社会学研究》2013 年卷总第 1 卷。

④ 张开城：《中华海洋文化特质及其现代价值》，《中国海洋社会学研究》2013 年卷总第 1 卷。

有标准。从中国海洋文化的元素来看，《中国海洋社会学研究》集中讨论了海洋民俗、信仰结构、海洋非物质文化遗产、海洋文化产业和海洋教育等内容。海洋民俗在范畴上涵盖了沿海地区和海岛等地居民的一切涉海民俗文化，包括海洋生产习俗、渔家生活习惯、海洋信仰和禁忌等①。"田横祭海节""渔村社戏""渔民节""赶海节""妈祖信仰""柘湖女神信仰""霍光信仰""袁崧信仰""海龙王信仰""南海渔民兄弟公信仰""传统海洋渔村禁忌"等具体研究不断涌现。在海神信仰结构层面，多神共存的"叠合认同"是区别于陆地一神信仰的特殊现象，这种现象受到内部结构性要素的断裂、变异、突现和外在海洋实践强化的影响，经历了时代变迁②。海洋渔村的节庆仪式和禁忌等民俗文化在现代化发展中的变化最为明显，表现为"民俗资源化"过程，强调海洋民俗文化的市场化、规模化和娱乐化，其中"海洋民俗旅游"和"海洋生态旅游"等就是市场倾向的一种方式③。这种产业化发展促进了对传统文化的挖掘，并依托现代化形式扩宽了传承渠道，同时也提升了经济水平④，但存在过度商业化、海洋文化资源挖掘的深度不够、原真性缺失等问题⑤。

海洋非物质文化遗产是优秀传统海洋文化，目前研究的类型包括：民俗类海洋非物质文化遗产，涉及与海洋实践有关的生产生活民俗、民间信仰、祭典与庙会、时岁节日、人生礼仪等⑥；传统技艺类海洋非物质文化遗产，涵盖服饰、建筑、饮食、交通工具、生产工具、娱乐等类别⑦；传统艺术类海洋非物质文化遗产，具体有渔歌号子、灯舞、龙舞、船模艺术、贝雕、渔鼓等⑧；

① 陈钜龙：《海洋民俗文化》，中国海洋学会年会，2007。
② 宋宁而、宋枫卓：《海神信仰的"叠合认同"：支撑理论与研究框架》，《中国海洋社会学研究》2020 年卷总第 8 期。
③ 王新艳：《民俗资源化背景下海洋民俗传承路径研究——以"田横祭海节"为例》，《中国海洋社会学研究》2018 年卷总第 6 期。
④ 宋宁而、贺柳笛：《海洋节庆的产业化：刘家湾赶海节民俗文化传承的出路》，《中国海洋社会学研究》2016 年卷总第 4 期。
⑤ 崔凤、董兆鑫：《论海洋文化与旅游的融合发展》，《中国海洋社会学研究》2021 年卷总第 9 期。
⑥ 于家宁：《当"海洋"遇上"民俗类非物质文化遗产"——海洋实践视角下的传承与保护》，《中国海洋社会学研究》2017 年卷总第 5 期。
⑦ 徐霄健：《传统海洋"百工技艺"的保护问题探析——以传统技艺类海洋非物质文化遗产的保护为例》，《中国海洋社会学研究》2017 年卷总第 5 期。
⑧ 王宇萌：《传统艺术类海洋非物质文化遗产的保护与开发评述》，《中国海洋社会学研究》2017 年卷总第 5 期。

民间文学类海洋非物质文化遗产，包括宗教活动中叙述性的海洋神话、海洋传说与故事、沿海歌谣等①。政府联合、市场化开拓、社区参与、技术创新等不同层面的多元化，是探索保护和传承海洋非物质文化遗产的有效途径②。海洋教育是海洋文化传承的重要方式，坚持人海关系系统－海洋学科群－海洋教育的认知理路③，将海洋文化融入大学通识教育是增强海洋意识的关键举措④。

（二）海洋渔村变迁与重构

海洋渔村在概念上并没有严格的定义，相关讨论将依托海洋资源生存并形成海洋实践的渔村都纳入考察范围内。海洋渔村的变迁过程具体表现在空间形态重构、经济模式转换、渔村社区的建立与再造、渔业的社区化转型和渔村陆化过程，在时间上追溯了明清以来、新中国成立以来和改革开放以来等不同历史时期。渔村空间形态变迁围绕渔民海洋实践方式和强度、政府强制力展开，当渔业资源和海岛开发政策发生变化时，渔村人口流动推动渔村在生产、生活、社会交往、公共服务、社会组织等方面发生空间重构⑤。渔村在经济结构上并不是单向的渔业生产，经济模式会在市场和国家的双重力量下发生转换，形成"半农半渔型－农渔结合、渔业为主型－新型渔农互补型"，依托养殖业、茶业、海产品加工业、休闲渔业等现代化产业推动渔村整体经济增长⑥。海洋渔村中还有一个特殊类型，为海洋渔业社区，它是由海岛疍民上岸形成的海洋社会类型。疍民从漂泊流动到

① 王伟君：《虚实相间、瑰丽神奇的口头传承——论民间文学类海洋非物质文化遗产的特点与保护》，《中国海洋社会学研究》2017 年卷总第 5 期。

② 刘良忠：《非物质文化遗产渔民号子保护、传承与发展——以长岛渔号为例》，《中国海洋社会学研究》2018 年卷总第 6 期；于琛：《社区参与：海洋非物质文化遗产传承与保护新路径——以烟台渔灯节为例》，《中国海洋社会学研究》2019 年卷总第 7 期；徐霄健：《"船承"与"智造"：论长岛木帆船制造技艺的传承路径》，《中国海洋社会学研究》2018 年卷总第 6 期。

③ 马勇：《基于人海关系认识的海洋教育论》，《中国海洋社会学研究》2013 年卷总第 1 卷。

④ 高法成、周娟：《从海洋文化到渔民社会：海洋教育与意识的培育路径分析》，《中国海洋社会学研究》2014 年卷总第 2 卷。

⑤ 王建友：《论偏远渔村的空间转向与空间重构——以舟山市葫芦岛村为例》，《中国海洋社会学研究》2016 年卷总第 4 期。

⑥ 樊晶晶：《崂山渔村的经济社会变迁——以青岛市王哥庄为例》，《中国海洋社会学研究》2019 年卷总第 7 期。

定居发生的地域转变是游民融入社会的象征①，在集体化时代的国家力量和社群自身能动性力量作用下，"恋地"情结的出现使得疍民的社会凝聚力和身份认同增强，加快了疍民社区再造②。

海洋渔村社会变迁与产业化发展是一个双向互构的过程，海洋渔业资源的恶化形势迫切要求海洋渔业管理朝着持续性发展方式变革，伴随生产作业方式的变化，传统渔村形成了"渔业社区化管理"这一新形态③。这种转型表现为海洋养殖业转变为生态养殖业、传统渔业转变为休闲渔业，从"远海捕捞"到"近海开发"体现了渔村内部的活动向陆地发展的过程④，这直接体现在生产生活方式和民俗文化的陆化变迁中⑤。对渔村的现代化变迁的解释最重要的是新型城镇化建设，其在带动市场化发展的基础上促进了渔村人口流动，进而改变了渔村空间形态和经济发展模式⑥。渔民的理性选择是解释渔村流变的另一视角，在海洋渔村的文旅产业、轻纺工业、材料加工业经济刺激和生态危机推动下，渔民的生态理性价值取向推动了渔村结构化变迁⑦。

（三）海洋渔民生计与流动

海洋渔民群体是海洋社会的重要主体之一，他们的物质资料和生产方式都以适应海洋、利用海洋和保护海洋为准绳，进而形成了海洋实践活动。尽管在生存资源上具备海洋的特殊性，但在海洋社会学议题中，海洋渔民与内陆农民在社会分层、流动和现代化转型等方面具有一致性和可比性。

---

① 韩兴勇：《海洋渔村社会的形成过程探讨——以上海现代海洋渔村社会形成过程为例》，《中国海洋社会学研究》2013 年卷总第 1 卷。

② 罗余方：《从漂泊到定居——粤西一个海岛疍民社区的再造历程》，《中国海洋社会学研究》2020 年卷总第 8 期。

③ 黄敏、王书明：《小型渔业管理的社区化趋势研究》，《中国海洋社会学研究》2017 年卷总第 5 期。

④ 王新艳、张坛第：《从"远海捕捞"到"近海开发"：青岛市会场社区渔业转型》，《中国海洋社会学研究》2019 年卷总第 7 期。

⑤ 崔凤、葛学良：《沿海渔村的陆化变迁——基于 L 村的调查》，《中国海洋社会学研究》2016 年卷总第 4 期。

⑥ 高超勇、王书明、王振海：《城市化背景下海洋渔村变迁——基于国内研究文献的思考》，《中国海洋社会学研究》2016 年卷总第 4 期。

⑦ 王钧意：《传统的脆断：一种渔村流变的解释框架——基于桑岛村的实地调研》，《中国海洋社会学研究》2020 年卷总第 8 期。

从海洋资源可持续化利用和建设和谐海洋社会角度来说，渔民问题的本质是群体自身过溺化，这与渔村过疏化和渔业过密化共同构成"三渔问题"①。现代化转型过程中海洋渔民首先出现了职业分化、社会流动与经济变迁，在结构上海洋渔民已不再是传统意义上从事海洋捕捞、海水养殖的"土著居民"。在变迁中，由于生产资料和社会资源差异，海洋渔民分化出上上层、中上层、中层、中下层和下下层五个阶层②。海洋渔民的经济收入容易受到水产品价格、海洋捕捞产量和受教育水平等不同因素的影响③，整体发展水平与内陆农村居民和城市居民相比处于显著弱势地位，表现为发展速度偏慢和收入差距大，单一依靠渔业经营性收入而缺乏保障性收入④，尤其是在"双转"政策推行后，没有考虑渔民风险社会的特点，失海渔民的经济收入和社会保障问题越发明显⑤。失海渔民在社会资本、感性人力资本、理性人力资本、观念意识等方面存在不足，导致补贴政策失效、发展远洋渔业能力不足、"双转"政策下的产业结构调整乏力等问题⑥。探究失海渔民基本生活需求满足现状及保障与服务需求意愿、构建该群体的社会保障和社会服务体系基本框架、形成社会保障长效机制成为重要议题⑦。

同时，在渔民保障体系下，《中国海洋社会学研究》着重研究了老年渔民、渔民妇女群体、传统海洋渔民雇工群体。老年渔民在海洋社会变迁的影响下，容易纵向比较不同时段中的自身发展、横向比较与年轻渔民和其他职业人员的差异，总体表现为精神层面的边缘化和获得感降低⑧，另外也

---

① 王建友：《中国"三渔"问题的突围之途》，《中国海洋社会学研究》2013 年卷总第 1 卷。
② 崔凤、张双双：《海洋渔民群体分层现状及特点——对山东省长岛县北长山乡和砣矶镇的调查》，《中国海洋社会学研究》2013 年卷总第 1 卷。
③ 赵宗金、杨媛：《中国渔民收入影响因素分析——基于中国沿海各省市 2004～2013 年的实证研究》，《中国海洋社会学研究》2016 年卷总第 4 期。
④ 同春芬、黄艺：《当前我国渔民家庭收入结构特点及问题初探——基于与农村居民和城镇居民的比较分析》，《中国海洋社会学研究》2013 年卷总第 1 卷。
⑤ 高法成、罗鹏：《海洋渔业"双转"政策与风险社会中的渔民——以渔民为视角的考察》，《中国海洋社会学研究》2015 年卷总第 3 卷。
⑥ 姜地忠：《失海渔民发展资源的多重衰竭与渔区社会基础的振兴》，《中国海洋社会学研究》2013 年卷总第 1 卷。
⑦ 张一：《我国失海渔民社会保障研究综述及展望》，《中国海洋社会学研究》2014 年卷总第 2 期。
⑧ 张雯、文雅：《海洋社会学视角下海岛老年渔民的获得感研究——以浙江省舟山市的 S 岛和 G 岛为例》，《中国海洋社会学研究》2021 年卷总第 9 期。

存在身体健康、经济收入、社会支持和心理认同等方面的养老困境①。渔民妇女群体最明显的特征就是在海洋社会变迁过程中自我劳动意识的形成，这改变了传统上只有男性参与捕捞活动、女性操持家务的劳动分工格局②，同时妇女群体在从事休闲渔业、水产品加工和养殖等工作时，容易受到受教育水平、子女上学、老人赡养、家人态度、丈夫职业引导等因素的影响③。传统海洋渔民雇工是指"在传统海洋渔业区中没有生产工具、受雇于从事海洋捕捞作业的私营渔民船东的传统渔民"，在转产转业政策中渔民雇工的特殊性并没有被充分考虑，这需要政府、社会和渔业相关组织出台针对性扶持政策④。另外，从渔民与渔业和渔村发展关联性角度来看存在两个路径，一个是渔民合作经营，另一个是对接乡村振兴战略的人才振兴。渔民合作社的推进存在组织力量薄弱、竞争力不足、生产资料占有不均衡等问题，以实证分析提出的公司化治理转向具有显著意义⑤。人口流动对渔村的兴衰存亡有重要影响，对"异地双房"现象普遍存在的渔村而言，要抓好产业振兴和人才振兴的现代化转型工作⑥。

（四）海洋生态环境治理

海洋向靠海而生的人类提供生存环境和可用资源，这是海洋社会区别于农耕社会和游牧社会的本质性因素，也是海洋社会学学科建构的自然基础，形成人海和谐关系必须厘清海洋实践活动与海洋生态环境之间的规律演变。统计分析发现，涉海人类活动与海洋环境污染之间存在显著正相关，其中海水制盐产量与海水水质之间、工业废水排放量和海水水产品产量及

---

① 张雯、文雅：《舟山群岛老年渔民的养老困境与对策建议——社会工作的视角》，《中国海洋社会学研究》2019 年卷总第 7 期。
② 于洋：《渔村变迁过程中妇女的自我劳动意识的形成——以舟山蚂蚁岛为例》，《中国海洋社会学研究》2016 年卷总第 4 期。
③ 张丽、韩兴勇：《渔村妇女就业影响因素实证研究——以上海金山嘴渔村为例》，《中国海洋社会学研究》2016 年卷总第 4 期。
④ 高法成、叶锦非：《传统海洋渔民雇工群体研究——基于广东湛江的考察》，《中国海洋社会学研究》2020 年卷总第 8 期。
⑤ 林小媛、高法成：《公司化治理：渔民合作社发展路径的探析——以广东省阳江市东平镇渔民合作社为例》，《中国海洋社会学研究》2016 年卷总第 4 期。
⑥ 秦杰：《乡村振兴战略下渔村人口流动的"动态稳定"问题研究——基于对桑岛村的案例调查》，《中国海洋社会学研究》2020 年卷总第 8 期。

赤潮灾害之间都存在显著因果链①。自 20 世纪 90 年代以来，沿海高度城市化、工业化等海洋开发活动造成了严重海洋环境问题，经历了从"快速恶化"到"基本稳定"的海洋环境变迁②，到 2021 年朝着稳中趋好的状况发展③。除了国家公布的宏观统计数据以外，口述海洋环境史料成为有益补充，通过对海洋环境污染状况、生态资源破坏和资源枯竭三个方面的史料采集，能够明确分析不同历史时期的海洋环境演变规律，为现代化海洋生态环境治理提供依据④。

在认识海洋实践活动和海洋生态环境变迁总体状况的前提下，《中国海洋社会学研究》深入讨论了生态文明建设、环境抗争问题，同时对围填海、溢油问题也有具体分析。海洋生态文明是"生态文明"与"海洋强国"交叉形成的重点领域，作为一种海洋文化伦理形态，它追求的是人海关系系统的持续性发展⑤。在理念层面，海洋生态文明建设与"两山论"是高度耦合的，"碧海蓝天"既是"绿水青山"，又是"金山银山"，这指引了海洋实践活动的方向⑥。总体上，海洋生态文明建设包括了人与人之间的海洋社会和谐、人与海之间的互动和谐、海洋生态系统及其要素和谐运转等一体多元型目标。海洋生态文明示范区建设是海洋生态文明理念具化形态的方式之一，在当前的理论发展中要着重解决宏微观结构化失衡和研究进路缺乏理论模型抽象化总结问题，以及研究方法缺乏系统数据收集和量化分析指导问题，应加快海洋生态文明示范区合作交流机制和科学、全面、客观的示范区建设绩效考核体系构建⑦。

海洋环境抗争是海洋渔民为了维护自身权益，在缺乏官方合理化渠道

---

① 赵宗金、谢玉亮：《我国涉海人类活动与海洋环境污染关系的研究》，《中国海洋社会学研究》2015 年卷总第 3 卷。

② 崔凤、葛学良：《"从快速恶化到基本稳定"：论 1989～2013 年我国海洋环境的变迁》，《中国海洋社会学研究》2015 年卷总第 3 卷。

③ 具体参见《2021 年中国海洋生态环境质量公报》，https://www.mee.gov.cn/hjzl/sthjzk/jagb/，最后访问日期：2022 年 6 月 9 日。

④ 崔凤、张玉洁：《海洋环境变迁的主观感受：环渤海渔民的口述史研究——一个研究框架》，《中国海洋社会学研究》2014 年卷总第 2 卷。

⑤ 王书明、董兆鑫、章立玲：《海洋生态文明的意涵、建设实践与推进思路——基于文献研究的解读》，《中国海洋社会学研究》2019 年卷总第 7 期。

⑥ 王建友：《"两山"理念与海洋生态文明建设：浙江样本和新使命》，《中国海洋社会学研究》2021 年卷总第 9 期。

⑦ 张一：《海洋生态文明示范区建设研究综述》，《中国海洋社会学研究》2015 年卷总第 3 卷。

时产生的行为。基层政府作为保障渔民利益的官方机构，出于"对上负责"体制推动的维稳压力机制和追求经济利益驱动的去污名化机制，其身份转变为海洋渔民的对立主体①。海洋灾害和环境污染问题引起的社会抗争在城市和乡村之间存在明显差异，从本质上说这是一种风险分配的空间异质性特征，由政府资源的单向倾斜，知识水平、社会资源、话语权的差别共同作用形成了这种格局②。在具体海洋问题中，围填海是一个直接影响海洋生态环境的海洋开发活动，这种活动既受到政府增加城镇化建设用地，以追求海洋经济效益的宏观体制因素影响，也受到围海造陆审批体制不健全和民众参与力量薄弱的微观因素影响③，这需要从规划管理制度、生态补偿制度、环境税收制度、论证评估制度、公众参与制度等方面健全机制④。有学者针对溢油事件给出社会学解释，美国海洋溢油事件的议题包括社会根源、社会文化影响、心理影响及其康复、权力博弈等问题⑤，这推动了我国渤海溢油事件的社会影响力扩大，容易产生社会舆论、环境抗争、社会稳定、社会心理等负面影响，同时催生了制度创新、产业布局调整和海洋环境意识的觉醒⑥。

（五）海洋现代化发展战略

海洋现代化发展战略研究是基于国家层面的高度站位，为了维护国家海洋权益、增强国家海洋实力、提升国际影响力而进行的研究，具体围绕"海洋强国""21 世纪海上丝绸之路""海权"等问题进行分析。通过对海洋强国战略的研究，可以明确这一战略是以福建省为起点，经过"海洋强区－海洋强市－海洋强省－海洋强国"的阶段过程，思想内核包括开海富民、育海利国、兴海创新、卫海戍疆和铸海强梦，涉及经济、科技、海防

① 陈涛、李素霞：《"维稳压力"与"去污名化"——基层政府走向渔民环境抗争对立面的双重机制》，《中国海洋社会学研究》2015 年卷总第 3 卷。
② 王书明、王涵琳：《城市、乡村与风险分配的空间差异——从海洋灾害、环境污染看社会抗争的城乡差异》，《中国海洋社会学研究》2018 年卷总第 6 期。
③ 张良：《围填海热潮不减的原因分析与对策建议》，《中国海洋社会学研究》2019 年卷总第 7 期。
④ 王书明、张志华：《围填海造地问题与生态文明制度建设》，《中国海洋社会学研究》2015 年卷总第 3 卷。
⑤ 陈涛：《美国海洋溢油事件的社会学研究》，《中国海洋社会学研究》2013 年卷总第 1 卷。
⑥ 陈涛：《渤海溢油事件的社会影响研究》，《中国海洋社会学研究》2014 年卷总第 2 卷。

等多个方面①。21 世纪海上丝绸之路是发展海洋事业、建设海洋经济、丰富海洋文化的伟大创举，海洋社会学的视角重视海上丝绸之路建设与海洋强国战略的衔接，注重海上丝绸之路建设在对外开放、深化改革、拓展经济空间和构建和平稳定周边环境方面的社会学意义。应放眼国际，重视我国在亚太地区的外部环境安全问题，深入研究沿线各国宗教文化交流情况②。在海权建设上，张謇是我国重要贡献者，他通过筹办渔业公司、宣示渔界海图、倡办水产教育、推行渔政管理、制定渔业法规等途径阐释的"渔权即海权"论，不仅推动了我国海洋渔业的发展，更为国家政治权益提供了理论指导③。

五　不足与建议

（一）不足

1. 海洋社会学研究质量有待提升，力量有待增强

经过近 20 年的发展，中国海洋社会学已经取得了一定成就，但总体质量不高，9 年来《中国海洋社会学研究》发文总量相对较少，在其他社会学权威期刊上发表的相关领域成果数量更少，文章总体下载频次和被引频次较低，影响力不大。在研究作者方面，以王书明、宋宁而、崔凤、赵宗金、宁波、王建友、张一、林光纪等为主力，各学者之间的合作程度较低。在研究机构方面，中国海洋大学、上海海洋大学、广东海洋大学和浙江海洋大学的贡献率最高，并以中国海洋大学和上海海洋大学为中心形成相对紧密的合作关系，总体上研究机构的合作关系都在学校内部的各单位之间，跨校合作的网络结构单一化现象明显。

2. 海洋社会学研究的理论体系建设仍需完善

海洋社会学研究在海洋文化、海洋渔村、海洋渔民、海洋生态环境和

---

① 林光纪、董琳、耿来强：《习近平海洋强国战略思想的形成与阶段划分初探》，《中国海洋社会学研究》2017 年卷总第 5 期。

② 陈青松：《海洋社会学视域下的 21 世纪"海上丝绸之路"研究》，《中国海洋社会学研究》2015 年卷总第 3 卷。

③ 宁波、韩兴勇：《渔权即海权：张謇渔业思想的核心》，《中国海洋社会学研究》2014 年卷总第 2 卷。

海洋现代化战略等多个方面积累了相对丰富的经验材料，但在理论体系讨论方面略显不足。《中国海洋社会学研究》已出版的 9 期中有 5 期设置了海洋社会学基础理论专题，共计 15 篇文章，这些成果结合海洋领域内重点问题提出了海洋社会学阐释，但总体上相比于学科建立之初对基本理论的重视程度有所降低。在这些理论性文章中，并没有形成一些具有海洋社会学学科特性的代表性理论，更缺乏能够与其他学科领域相衔接的可资借鉴的理论成果。其他专题成果以海洋社会学的应用属性为指导，重点关注涉海领域内的实际问题开展个案性、经验性和政策性研究，对海洋实践现象的描述较为普遍，但缺乏深层机理探讨，尤其是受到陆地思维局限而习惯性运用"海洋＋"范式，简单地将海洋社会中的一些问题与社会学既有讨论对接套用，突出海洋特殊性的初衷最后变为陆地的附属延伸。当前国家战略高度重视海洋事业发展，海洋开发力度空前加大，海洋经济高质量发展问题、海洋生态环境问题、海洋渔村振兴问题、海洋文化梳理和转化问题等都属于海洋社会中的核心命题，理论来源于实践但不能落后于实践，中国海洋社会学必须形成自己的理论并被广泛接受，只有这样才有助于学科长远发展。

3. 海洋社会学研究在学科融合和方法创新方面有待加强

海洋社会是一个既定的社会事实，随着海洋实践活动强度、广度和深度不断拓展，这个社会事实成为复杂巨系统，在内部要素增多的同时要素之间的关联性向互通性方向演进，所以对海洋社会的研究应该加强不同学科融合以应对理论和实际发展问题。目前海洋社会学在与主流社会学领域和其他社会学科对话时，存在简单套用和结论重复问题。以"三渔"问题为例，运用农村社会学的理论和方法进行研究时，习惯性地将农业的供需能力及其特征问题、农民增收和农村社会发展与渔业、渔民和渔村相对应，完全以原有理论为框架对"三渔"问题进行解释，并没有对海洋"三渔"问题的特殊性总结提炼出原创性理论。在研究方法上，多采用定性研究方法，以口述史方法、个案研究法、民族志、扎根理论、文本分析法等对海洋社会学相关议题进行分析，这有助于我们更加关注过程，极具自然主义特征，能够促进研究者自身的反思，但多为描述性数据且结论缺乏说服力。运用定量分析方法的文章仅有 3 篇，只占总数的 1.9%。海洋社会包罗万象，对具体议题进行研究时往往涉及多重因素，缺少定量分析方法在研究结论上可能会有失客观和全面。

4. 海洋社会学研究领域还应继续深入

目前刊发的文章主要包含海洋文化、海洋渔村、海洋渔民和海洋现代化战略五个研究领域，已有研究还存在研究不够深入的问题。例如渔民问题中传统海洋渔民雇工群体和其他失海渔民群体的现代化转型困境问题仍未得到有效解决，社会保障和社会服务体系的持续性供给体制没有建立；对海洋渔村社会经济变迁模式的总结还没有足够的实际指导能力，对变迁过程和特征如何服务于未来缺乏讨论；海洋节庆、信仰和禁忌等民俗文化，海洋非物质文化遗产，海洋教育和海洋意识等成果呈现碎片化特征；对跨域性海洋环境问题和陆海统筹问题的关注度不够，尤其是在海岸带管理方面对接国土空间规划战略提出的海洋社会学建设和意见鲜见；在海洋渔业资源变迁状况、社会根源、社会影响和现代化提升等方面还欠缺系统成果；在依托文旅融合于乡村振兴战略的渔村及其产业发展问题上，对文旅融合绩效还缺乏量化评估，如何挖掘海洋文化中的旅游资源并提出旅游规划意见还需深入研究，渔村如何利用自身地域优势完成产业结构优化转型等渔村振兴问题也有待研究。只有研究内容紧密围绕国家发展战略，发挥好海洋社会学的应用性优势，针对海洋实际发展问题做好总结和预测工作，才能提升学科话语权。

（二）建议

中国正处于现代化建设的重要时期，建设海洋强国是实现中华民族伟大复兴的重要战略任务，加强海洋社会学对海洋事业发展的实际指导，对国家海洋综合实力的提升和学科价值的体现具有重要意义。未来海洋社会学应在已有成果基础上，立足于海洋强国战略，结合乡村振兴战略、城乡融合发展、海洋生态安全、国家海洋权益等宏观议题，充分运用社会学、生态学、地理学、政治学和经济学等多学科成果，推动海洋社会学建构理论体系、完善研究方法和拓宽研究领域，具体可从以下几个方向努力。

1. 提升海洋社会学整体研究质量

要扩大海洋社会学影响力，首要任务就是在学科建设中积累有分量的学术成果，既要有充分的学理支撑，又要切实指导海洋事业发展。由此，海洋社会学需要形成稳定的研究团队，并注重团队成员的研究专长分布和年龄梯队，注重培养储备人才，同时要注重团队之间的合作交流；在研究机构上应该打破仅以海洋高校为主的格局，需要通过学术会议、学术集刊和媒体传播等途径扩大海洋社会学影响力，并借助海洋社会学的应用性和交叉性优势加快与其他学科学者广泛开展合作，进而与其他非海洋类高校和科研机构建立良好合作关系。

2. 继续丰富海洋社会学研究的理论体系

中国海洋社会学要从学科发展建设和具体实证分析两个方面推动理论体系建构。首先，在学科发展的元理论方面，还要着重讨论海洋社会学的研究对象问题，传统认为的研究对象为海洋与社会的关系、海洋社会，但是海洋社会本身是否客观存在及其边界在何处是一个广受争议的问题，而海洋与社会的关系界定如同环境社会学研究对象中阐释的社会与环境的相互关系一般，仅停留在抽象的关系讨论上而无法继续引导研究开展。由此，从海洋实践视角将实践行为看作联通海洋与社会的桥梁，将具体关系落到人类活动上，既可以为对海洋社会的讨论留下空间，又能避免海洋社会带来的概念冲突，将海洋社会学的研究对象定义为海洋实践的可行性需要进行深入讨论。

其次，海洋社会学的体系框架问题。在海洋社会学学科建立之初，学者们根据基础性概念界定提出了系列研究内容，从表 2 中可以看出，在框架上学者们尚未形成统一的认识。其中不乏一些基本内容，学者们都认为基础理论研究、海洋区域社会发展研究、海洋文化研究、海洋群体与组织研究是海洋社会学的重点板块。但这些研究内容在范畴上存在叠合或涵盖范围缺失问题，例如宁波提到的海岸带社会系统，这是一个范畴涵盖范围缺失的研究内容。不论将学科研究对象设立为何，海洋社会都是核心概念，其所指包含由涉海人员或地域组成的社会，仅强调海岸带社会系统会造成对海洋社会系统的结构化认知，而产生其他海岛、海上社会系统不够重要的问题。再如张开城提到的海洋社会和海洋社会学前瞻都为理论性研究，海洋活动中的社会问题、海洋社会问题、海洋社会冲突与控制都为社会问题研究，这样划分出多个微观专题有利于具体化阐释，但容易产生范围叠合问题。这种内容划分缺失全面性和整体性的现象是由研究对象的模糊引起的，缺乏对对象的聚焦就难以抓住研究主线，针对部分海洋实际问题所做的提炼，并不能精炼概括。如果海洋实践作为研究对象这个命题成立，基本框架便能够以人类海洋实践活动为主线进行总结，可以具体分为海洋产业、海洋群体、海洋组织、海洋移民、海洋文化、海洋社会、海洋问题、海洋治理这 8 个专题，每个专题都应注重对与海洋实践关系的讨论。

表 2　海洋社会学基本研究框架

学者	研究内容
庞玉珍、蔡勤禹[①]	海洋社会学的理论研究、海洋区域社会中的个人及其社会化研究、海洋区域社会中社会群体的研究、海洋社会分层及社会流动研究、海洋社会组织研究、海洋区域社会人口问题研究、海洋区域社会中的社区研究、海洋区域社会城乡社会变迁研究、海洋区域社会可持续发展研究、海洋区域社会问题及社会调适研究
崔凤[②]	海洋观调查与研究、海洋区域社会发展研究、海洋社会群体与社会组织研究、海洋环境问题研究、海洋渔村研究、海洋民俗研究、海洋移民问题研究、海洋政策研究
宁波[③]	海洋社会学的基本理论、人类关于海洋的文化与风俗、有关海洋的政策制度与法律法规、关于海洋的国际争端与冲突及其控制与化解、涉海个体或群体的行为与心理、涉海组织的行动及结构与社会关系、人们关于海洋观念的比较与演化分析、海洋环境及生态与伦理问题、海洋开发的社会影响与利益争端、海岸带社会系统的结构与特征及分层与变迁研究
张开城[④]	海洋社会与海洋社会学、海洋社区与群体及组织、社会学视野下的人类海洋活动、海洋活动中的社会问题、海洋社会问题、海洋社会交往与社会互动、海洋社会冲突与控制、海洋社会变迁、海洋文化、海洋社会、海洋社会学前瞻

注：①庞玉珍、蔡勤禹：《关于海洋社会学理论建构几个问题的探讨》，《山东社会科学》2006 年第 10 期。

②崔凤：《海洋社会学：社会学应用研究的一项新探索》，《自然辩证法研究》2006 年第 8 期。

③宁波：《关于海洋社会与海洋社会学概念的讨论》，《中国海洋大学学报》（社会科学版）2008 年第 4 期。

④张开城：《应重视海洋社会学学科体系的建构》，《探索与争鸣》2007 年第 1 期。

3. 加强海洋社会学研究的学科和方法集成

从海洋社会学研究对象和基本框架中能够看出学科讨论的范围包括社会系统、海洋系统和海洋与社会互动系统，这种社会现象的复杂性是海洋自然生态环境与人类活动共同作用的结果，单靠社会学理论已经难以全面把握问题，这需要海洋自然科学和社会科学的交叉融合。在研究方法问题上，既要坚持现有的定性研究方法，也应在定量方法层面有所突破，例如讨论海洋实践与海洋社会变迁的显著性关系问题、海洋产业结构调整与海洋环境效率测算问题、海洋渔村人口流动规律与演进因素识别问题、海洋渔民可持续性生计绩效测算和保障路径问题、海洋文化与产业发展耦合协调度分析问题等都需要扎实的调研数据做支撑，并以量化方法进行分析，形成较为客观的研究结论。

4. 推动海洋社会学研究内容深化发展

目前海洋社会学研究内容已经相对广泛,但针对实际发展问题缺乏深入的讨论,同时也有尚未涉及的议题。以海洋生态环境治理为例,应重点挖掘海洋生态环境问题产生的社会根源、社会影响、修复路径、持续性利用方式等,并形成领域内基本理论框架。另外,对海洋环境的跨域性特征尚未足够重视,海洋生态环境问题如同陆地大气污染与河流污染问题,治理成本与致害因素的区域位移涉及多重利益主体,由体制因素造成的治理资源障碍是亟待破解的难题。海洋组织研究是当前较为缺乏的,在海洋环境治理涉及基层政府组织问题时,作为价值理性至上的海洋环保社会组织,对治理海洋环境污染、传播保护海洋理念、推动海洋环保教育具有重要意义,但是对海洋环保社会组织的持续性发展鲜有研究。后续研究的拓展还需考虑成果的操作性问题,尤其是在政策性分析中,如何结合海洋特性提出具有意义的政策建议,关乎海洋社会学学科价值的体现和长足发展。

海洋开发与海洋治理

劳动力流动与负责任渔业[*]

陈　晔[**]

摘　要： 劳动力流动是指劳动力在空间上的移动或者职业上的变化。改革开放以来，全国范围内劳动力的自由流动，已成为中国经济快速发展的重要因素之一。负责任渔业要求各国政府和从业者以承担相应责任的方式从事渔业。1995 年 10 月，联合国粮农组织渔业委员会第 28 届大会通过《负责任渔业行为守则》，外来渔民在维系渔业和渔村经济方面发挥着重要作用，但是由于其流动性强，对渔业资源进行可持续发展保护的内在动力薄弱，在利益驱动下，容易产生过度捕捞等问题，对负责任渔业提出挑战。本文应用博弈论方法，分别对一次博弈、有限次重复博弈和无限次重复博弈进行比较分析，发现仅在无限次重复博弈情形下，参与者才遵守《负责任渔业行为守则》。任何能拟制出或者构建出类似无限次重复博弈场景的措施，都有助于渔民将"他律"转变为"自律"，更好地实现负责任渔业。

关键词： 劳动力流动　负责任渔业　《负责任渔业行为守则》　无限次重复博弈

一　引言

劳动力流动（labor mobility）是指劳动力在空间上的移动或者职业上的

---

[*] 本文在联合国粮农组织（FAO）主办的"水产品价值链中的社会责任"论坛上宣读，得到 FAO 渔业和水产养殖部高级官员 Marcio Castro De Souza、日本东京大学教授 Nobuyuki Yagi、印度渔业专家 V. Vivekanandan 等的宝贵建议，在此一并表示感谢，文责自负。

[**] 陈晔，上海海洋大学经济管理学院、海洋文化研究中心副教授、硕士生导师，博士。

变化①，个人原因或其他系统性原因，都会影响劳动力流动。个人原因包括物理空间、身体和智力、能力等，系统性原因则有受教育机会、不同的法律和政治原因以及历史因素。改革开放 40 多年来，中国农村劳动力的自由流动是中国经济崛起以及社会发展中最为波澜壮阔的一部分。亿万农村劳动力从农村涌入城市，整个国家工业化、城镇化以及现代化进程得以提速。截至 2017年底，中国城镇化水平为 58.5%，二三产业增加值占全国 GDP 总量的比重高达 92.1%，农村非农转移的劳动力从 800 多万人上升至 28652 万人，40 年内增加近 35 倍②。

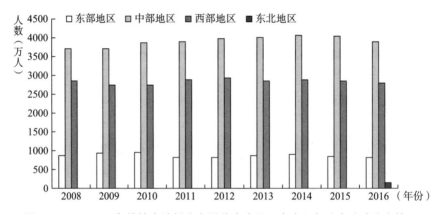

图 1　2008～2016 年按输出地划分中国外出农民工东中西部跨省流动分布情况

资料来源：张广胜、田洲宇：《改革开放四十年中国农村劳动力流动：变迁、贡献与展望》，《农业经济问题》2018 年第 7 期。

负责任渔业（responsible fisheries）要求各国政府和从业者以承担相应

---

① 迁移人口与流动人口为两个概念。在传统的计划经济体制下，人口的区域迁移由公安部门严格控制，计划安排之外的农村向城市的迁移几乎不可能，劳动力的产业转移则由劳动、人事部门计划调配，自发的劳动力市场也不存在。在严格控制的迁移之外，一方面仍存在临时性的在区域间、城乡间往返的人口，即正常流动人口；另一方面也存在不通过计划而进入劳动力黑市或灰市的劳动者及其家属，即曾经所谓的"盲目流动人口"。这两部分即构成传统统计口径上的流动人口。在纯粹计划经济体制的意义上，迁移人口和流动人口是容易区分的两组人群，相互没有交叉，是具有比较明确内涵和外延的两个概念。然而，20世纪 70 年代末城乡开始全面改革，计划经济体制从各个方面被突破，两者的边界逐渐模糊。在本文中两者通用。详见蔡昉《人口迁移和流动的成因、趋势与政策》，《中国人口科学》1995 年第 6 期。

② 张广胜、田洲宇：《改革开放四十年中国农村劳动力流动：变迁、贡献与展望》，《农业经济问题》2018 年第 7 期。

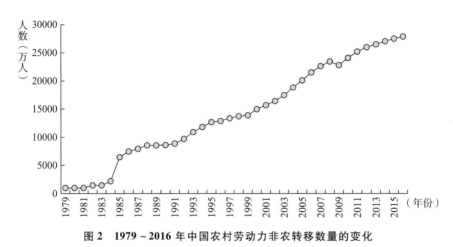

图 2　1979～2016 年中国农村劳动力非农转移数量的变化

资料来源：张广胜、田洲宇：《改革开放四十年中国农村劳动力流动：变迁、贡献与展望》，《农业经济问题》2018 年第 7 期。

责任的方式从事渔业。相关个体在享有捕捞权时，应承担养护和管理水生生物资源的责任，使其可持续发展；水产养殖不应损害生态环境和原种，应确保养殖产品质量；水产品贸易应该使消费者能够获得优质水产品。20世纪中叶以来，全球渔业资源不断衰退，人类逐渐意识到为确保后代能继续利用渔业资源，应该有节制地攫取渔业资源。① 1992 年 5 月，墨西哥政府与联合国粮农组织（Food and Agriculture Organization of the United Nations，FAO）在墨西哥坎昆召开负责任捕鱼国际会议并发表宣言，宣言要求联合国粮农组织制定《负责任渔业行为守则》。1995 年 10 月，联合国粮农组织第28 届大会通过《负责任渔业行为守则》（以下简称《行为守则》，*Code of Conduct for Responsible Fisheries*）。《行为守则》由 12 条内容组成，分别对一般原则、渔业管理、捕鱼作业、水产养殖发展、渔业纳入沿海区域管理、加工方式与贸易、发展中国家特殊要求以及渔业研究等专题作了规定。②

《行为守则》虽为自愿性的，但已经加入《1982 年联合国海洋法公约》（*The 1982 United Nations Convention on the Law of the Sea*，UNCLOS）、《1993 年 FAO 公海保育管理措施协议》（*1993 FAO Compliance Agreement*，FAOCA）

---

① 周界衡、慕永通：《负责任渔业的兴起、发展与困境》，《中国渔业经济》2012 年第 3 期。
② 刘小兵：《负责任渔业行为守则》，《中国水产》1996 年第 2 期。

和《1995 年联合国跨界及高度洄游性鱼种保育管理执行协议》（*The 1995 United Nations Fish Stocks Agreement*，UNFSA）中的约束性原则。《行为守则》提供对渔业保护、管理和发展的原则及标准，通过负责任的管理和保护，促进世界渔业理性、可持续地开发和利用，是国际社会应对相关渔业问题最早也是唯一的手段。《行为守则》还附带四个"国际行动计划"（International Plans of Action，IPOA），具体包括《1999 年鲨鱼养护和管理国际行动计划》（IPOA for the Conservation and Management of Sharks, 1999）、《1999 年减少海鸟误捕国际行动计划》（IPOA for Reducing the Incidental Catches of Seabirds，1999）、《1999 年捕捞能力管理国际行动计划》（IPOA for the Management of Fishing Capacity，1999）、《2001 年预防、遏制、消除 IUU 捕捞国际行动计划》（IPOA to Prevent，Deter and Eliminate IUU Fishing，2001）。过度捕捞以及 IUU 捕捞（illegal，unreported，and unregulated fishing）是当前世界渔业资源可持续管理面临的最为急迫的问题。[①]

劳动力流动会对负责任渔业产生影响。在中国绝大多数渔村中，来自内陆的外来渔民数量已远超本地渔民，他们年富力强，吃苦耐劳，颇受渔船主青睐，但也存在一些负面影响。渔业资源修复周期较长，过度捕捞的不良影响将在第二年，甚至数年之后才逐渐显现。外来渔民流动性强，进而缺乏对渔业资源可持续发展保护的内在动力，在利益驱动下，容易产生过度捕捞等问题。[②] 其实，不但中国如此，世界很多国家都存在类似的问题，渔业公司雇用外来渔民，有时甚至是外国渔民，进行捕捞作业，流动性因素导致负责任渔业较难实施。本文从劳动力流动视角来研究负责任渔业，在理论层面和应用层面均具有一定的创新性。

二 文献综述

改革开放以来，劳动力流动已成为中国最重要的经济现象之一。蔡昉

---

① G. Hosch，G. Ferraro and P. Failler. "The 1995 FAO Code of Conduct for Responsible Fisheries：Adopting，Implementing or Scoring Results？". *Marine Policy*，pp. 189 – 200.
② 陈晔：《我国海洋渔村的历史演进与转型与发展》，《浙江海洋学院学报》（人文科学版）2016 年第 2 期。

较早地对中国城乡之间和地区之间的人口迁移进行研究，认为因长期实行重工业优先发展战略而形成的扭曲的产业结构和人口分布格局，以及改革开放以来扩大了的城乡和地区收入差距是迁移发生的重要因素。① 杨云彦发现改革开放以来，我国生产要素不断向东部地区集聚，为东部地区经济发展注入了强大动力，创造了巨大的就业机会，中西部地区的劳动力大量流入东部地区。② 劳动力流动会对我国社会经济发展产生影响。王德、朱玮、叶晖通过测算我国 1985～1990 年、1990～1995 年和 1995～2000 年各省（区、市）在人口迁移前后"人口 – GDP"的基尼系数变化趋势，验证得到人口迁移能减缓区域经济发展不均衡。③ 段平忠、刘传江发现人口流动的地区差距与经济增长的地区差距高度相关，无素质差异的流动人口对整体经济增长无显著贡献，但劳动力流动对各地区经济增长具有显著递减的贡献作用。④ 李道庆、陈恩研究发现流动劳动力空间分布失衡加大了广东区域经济增长差距。⑤ 张广胜、田洲宇发现，改革开放以来，农村劳动力的自由流动带来多重红利，国家经济突飞猛进，工业化、城镇化水平迅速提升，产业结构持续升级和优化，劳动力个人收入得到大幅提升。⑥

劳动力流动在渔业领域的具体表现就是"外来渔民"。20 世纪 90 年代初期，外来渔民开始由原来的零星打工转为大量出现在舟山捕捞渔船上。⑦ 在福建省龙海市浯屿村，外来渔民被当地人称为"外来工"，其家属被称为"外口"。⑧ 外来渔民，又称"外来渔工""外来渔业农民工"，指农民从内陆农村进入渔村，从事捕捞工作。外来渔民相关研究以田野调查为主，林光纪在福建省龙海市浯屿村进行了调查，认为外来渔民群体数量众多，已成为一个重

---

① 蔡昉：《人口迁移和流动的成因、趋势与政策》，《中国人口科学》1995 年第 6 期。
② 杨云彦：《劳动力流动、人力资本转移与区域政策》，《人口研究》1999 年第 5 期。
③ 王德、朱玮、叶晖：《1985～2000 年我国人口迁移对区域经济差异的均衡作用研究》，《人口与经济》2003 年第 6 期。
④ 段平忠、刘传江：《人口流动对经济增长地区差距的影响》，《中国软科学》2005 年第 2 期。
⑤ 李道庆、陈恩：《劳动力流动对广东经济增长地区差距影响探析》，《工业技术经济》2009 年第 12 期。
⑥ 张广胜、田洲宇：《改革开放四十年中国农村劳动力流动：变迁、贡献与展望》，《农业经济问题》2018 年第 7 期。
⑦ 王建友：《典型渔村的空间转向与空间冲突——基于对舟山朱家尖月岙渔村的观察》，《浙江海洋大学学报》（人文科学版）2017 年第 5 期。
⑧ 林光纪：《"渔民、渔业、渔村"逻辑与悖论——以龙海市浯屿村渔业调查为例》，《中国渔业经济》2010 年第 4 期。

要的"三渔问题"。① 邹德云、朱庆勇、水柏年在舟山调查时发现，外来渔
民对舟山近海渔业存在着明显的正负面双重影响。② 王建友对舟山朱家尖月
岙渔村进行调研，对渔村从改革开放以来发生的社会变迁进行研究，以空间转
向为切入点，对留守村民与外来渔民所进行的空间重构及空间冲突进行分析。③

1995 年 10 月，联合国粮农组织渔业委员会第 28 届会议通过了旨在推
行负责任渔业而制定的指导性文件《负责任渔业行为守则》，这成为国际负
责任渔业发展史上的里程碑事件。刘小兵 1996 年在《中国水产》上发表的
《负责任渔业行为守则》一文，是国内最早对其进行介绍的论文。④ 关于负
责任渔业的研究众多，主要集中于对《行为守则》的效果评估以及如何有
效地实行负责任渔业。Hosch 等对亚洲、非洲和加勒比地区 9 个国家《行为
守则》的执行情况进行分析研究，发现各国已把《行为守则》的主要内容
纳入渔业法律条款中，在某些领域取得一定成功，但是由于内部管理问题、
缺少政治决心以及出于短期经济利益考虑等，在个别领域并未取良好效
果。⑤ 周界衡、慕永通对《行为守则》的产生以及影响进行分析研究，指出
贯彻预防原则是摆脱渔业困境必须采取的手段之一，认为负责任渔业在可
操作性、法律效力、总体成效、全球参与率以及概念本身等方面存在诸多
缺陷，仅靠自身力量不足以完成相关使命。⑥ 缺乏全球范围内对于遵守《行
为守则》对海洋环境正面影响的实证，是《行为守则》实施乏力的重要原
因之一。Coll 等用数据验证，遵守《行为守则》的确能提高海洋环境质
量。⑦ Kumawat 等通过问卷调查的方式，对印度马哈拉施特拉邦（Maharash-
tra）海岸的传统包袋渔业（bag net fishery）对于《行为守则》第 7 条款的

---

① 林光纪：《"渔民、渔业、渔村"逻辑与悖论——以龙海市浯屿村渔业调查为例》，《中国渔
业经济》2010 年第 4 期。

② 邹德云、朱庆勇、水柏年：《外来渔民工对舟山近海渔业的影响》，《农家之友》（理论版）
2010 年第 8 期。

③ 王建友：《典型渔村的空间转向与空间冲突——基于对舟山朱家尖月岙渔村的观察》，《浙
江海洋大学学报》（人文科学版）2017 年第 5 期。

④ 刘小兵：《负责任渔业行为守则》，《中国水产》1996 年第 2 期。

⑤ G. Hosch, G. Ferraro and P. Failler. "The 1995 FAO Code of Conduct for Responsible Fisheries:
Adopting, Implementing or Scoring Results?". *Marine Policy*, 2011, pp. 189 – 200.

⑥ 周界衡、慕永通：《负责任渔业的兴起、发展与困境》，《中国渔业经济》2012 年第 3 期。

⑦ M. Coll, S. Libralato and T. J. Pitcher et al. "Sustainability implications of Honouring the Code of
Conduct for Responsible Fisheries". *Global Environmental Change*, 2013, pp. 157 – 166.

执行情况进行评估，发现总体遵守率为 67.52%。[1] Yang 等的研究主要涉及休闲渔业，认为负责任休闲渔业体验者的责任应该包括自律与他律、尊重与平等、节约与低碳、游钓与养护、养殖与生态、贡献与分享等六方面特征，社会大众要提高责任意识，休闲渔业企业和社区要拓展履行责任的途径，渔业行业协会要积极组织和宣传负责任休闲渔业，政府行业主管部门要尽快出台有关负责任休闲渔业的政策措施，渔业经济与管理界要加强负责任休闲渔业研究的国际合作。[2] 黄硕琳、邵化斌指出，20 世纪 80 年代以来，国家被要求承担更多的责任，如何提高海洋生态系统的保护意识，提高履约能力，履行船旗国的责任和义务，是我国渔业发展面临的主要挑战之一。[3]

三 背景介绍

在经济发展的大潮中，我国渔村社会结构发生了巨大变化。渔民平均收入虽然较高，但是出海捕鱼十分艰苦，被称为"三 K"行业——"肮脏""危险""辛苦"。只有那些在陆上无法找到工作的人才会去捕鱼，渔民的社会地位较低，承担的风险又较大，渔民希望其子女通过受教育提高社会地位。[4] 年青一代也不愿意子承父业，继续在海上作业，他们中的大部分选择接受教育进而从事其他职业。[5] 以浙江舟山月岙渔村为例，目前大部分本地渔民已经"弃海上岸"，一小部分成为船老板，部分工商业资本已进入渔业。安徽籍农民工来到月岙村，填补了本地劳动力空缺，从事捕捞渔业，逐渐形成了外来渔民集聚。随着本地渔业劳动力逐步退出，外来渔民成为重要的渔业劳动力支柱。月岙村中来自湖南、安徽、四川、重庆、贵州等

① T. Kumawat, L. Shenoy, S. Chakraborty, V. Deshmukh and S. Raje. "Compliance of Bag Net Fishery of Maharashtra Coast, India with Article 7 of the FAO Code of Conduct for Responsible Fisheries". *Marine Policy*, 2015, pp. 9 – 15.

② Z. J. Yang, Y. Chen and D. Wang et al. "Responsible Recreational Fisheries: A Chinese Perspective". *Fisheries*, 2017, pp. 303 – 307.

③ 黄硕琳、邵化斌：《全球海洋渔业治理的发展趋势与特点》，《太平洋学报》2018 年第 4 期。

④ 王建友：《典型渔村的空间转向与空间冲突——基于对舟山朱家尖月岙渔村的观察》，《浙江海洋大学学报》（人文科学版）2017 年第 5 期。

⑤ 刘雯：《捕捞渔民转产转业的困境及对策研究——以舟山市为例》，浙江海洋大学硕士学位论文，2017。

全国 14 个内陆省份的外来渔民共 873 人，占全村下海劳动力的 71.9%。[①]

劳动力流动能促进地区的社会经济发展[②]，外来渔民有力推动了当地捕捞业的发展。在福建省龙海市浯屿村，外来渔民的到来增加了当地劳动力大军，扩大了税源，推动了当地经济和社会发展。[③] 在浙江舟山，外来渔民多为青壮年，文化水平相对较高，吃苦耐劳，颇受渔船主青睐，成为维持和促进舟山渔业生产的有力支柱。[④]

外来渔民在促进当地渔村发展的同时，由于其流动性特征，也给当地社会经济带来一定负面影响。外来渔民对渔业生产情况的了解十分有限，不愿意参加基本安全技能培训，海上求生、船舶消防、渔业安全操作等知识缺乏，从而造成船员技术差、生产效率低，同时也给海上安全生产带来很多隐患。[⑤] 外来渔民大多来自内陆省份，对海洋不甚了解，对渔业资源水平和渔业资源前景更是缺乏认识，法律意识相对淡薄，不少人连最基本的《中华人民共和国渔业法》《中华人民共和国劳动法》都不学习，随意倾倒生活垃圾、任意排放生产和修理污水。

海洋生态环境保护需要从长计议，而非一朝一夕之事，破坏海洋环境所带来的负面影响存在滞后性。外来渔民流动性强，如果处理不当，容易出现"打一枪换一个地方"的情况，今天在这个海域进行捕捞，明天换一家公司，去另一个海域，较难自觉产生渔业资源可持续开发利用的意识，在短期利益的驱动下，容易导致过度捕捞等情况的发生，较难实现负责任渔业。

四　模型说明

渔业资源是一种公共资源，美国学者加勒特·哈丁（Garrett Hardin）

① 王建友：《典型渔村的空间转向与空间冲突——基于对舟山朱家尖月岙渔村的观察》，《浙江海洋大学学报》（人文科学版）2017 年第 5 期。
② 段平忠、刘传江：《人口流动对经济增长地区差距的影响》，《中国软科学》2005 年第 12 期。
③ 林光纪：《"渔民、渔业、渔村"逻辑与悖论——以龙海市浯屿村渔业调查为例》，《中国渔业经济》2010 年第 4 期。
④ 王建友：《典型渔村的空间转向与空间冲突——基于对舟山朱家尖月岙渔村的观察》，《浙江海洋大学学报》（人文科学版）2017 年第 5 期。
⑤ 王建友：《典型渔村的空间转向与空间冲突——基于对舟山朱家尖月岙渔村的观察》，《浙江海洋大学学报》（人文科学版）2017 年第 5 期。

1968 在《科学》上发表《公地悲剧》（*The Tragedy of the Commons*）一文，提出"公地悲剧理论"，成为公共资源研究的先驱。哈丁认为所有理性人都会有趋利性的自由选择，所有理性人的自由选择会导致共有财产资源的最终毁灭。鱼类具有洄游性和流动性等特性，渔业资源作为公共资源为公众所拥有，如果渔业资源问题处理不当，公众无序的行为将酿成公地悲剧。① 诺贝尔经济学奖得主埃莉诺·奥斯特罗姆的代表作《公共事物的治理之道：集体行动制度的演进》对公共资源管理进行了较为详细系统的分析。②

捕捞渔业的研究经常会使用博弈论的研究方法，例如徐敬俊用博弈论对跨界渔业管理进行了研究，认为只有通过合作，才能实现渔业生态的稳定。③ 李建琴、吴玮林借用博弈理论工具，以渔民、中央政府、地方政府三个利益主体为代表构建渔民之间、渔民与政府之间、同级政府之间和上下级政府之间四种不同的非合作博弈模型，渔业资源变化、政策变动、渔民劳动力变化等因素造成的不确定性会引发渔民的短视行为，导致过度捕捞。④

本文沿用博弈论的方法，对劳动力流动对负责任渔业的影响进行比较分析。模型假设有两位参与者，即渔民甲和渔民乙，他们各自有两个选择，遵守《行为守则》或者不遵守《行为守则》（如过度捕捞等）。如果渔民甲遵守《行为守则》，渔民乙也遵守《行为守则》，那么渔民甲的收益是 B；如果渔民甲遵守《行为守则》，渔民乙不遵守《行为守则》，那么渔民甲的收益是 D；如果渔民甲不遵守《行为守则》，渔民乙遵守《行为守则》，那么渔民甲的收益为 A；如果渔民甲不遵守《行为守则》，渔民乙也不遵守《行为守则》，那么渔民甲的收益为 C。其中，A > B > C > D，反之亦然。渔民甲和渔民乙的支付矩阵如表 1 所示。

---

① 刘雯：《捕捞渔民转产转业的困境及对策研究——以舟山市为例》，浙江海洋大学硕士学位论文，2017。
② 埃莉诺·奥斯特罗姆：《公共事物的治理之道：集体行动制度的演进》，余逊达、陈旭东译，上海译文出版社，2012。
③ 徐敬俊：《跨界海洋渔业管理研究——一个博弈论的分析框架》，《中国海洋大学学报》（社会科学版）2011 年第 3 期。
④ 李建琴、吴玮林：《海洋渔业资源萎缩的博弈分析》，《中国渔业经济》2018 年第 2 期。

表 1　渔民甲和渔民乙的支付矩阵

		渔民乙	
		遵守	不遵守
渔民甲	遵守	（B，B）	（D，A）
	不遵守	（A，D）	（C，C）

以往关于捕捞渔业的研究都未考虑时间因素，本文将时间纳入研究中，进而将其分成三种情况来讨论，即一次博弈、有限次重复博弈和无限次重复博弈。

（一）一次博弈

在一次博弈中，从渔民甲的思考方式出发，如果渔民乙选择遵守《行为守则》，渔民甲选择遵守《行为守则》的收益是 B，渔民甲选择不遵守《行为守则》的收益是 A，那么作为理性人的渔民甲会选择不遵守《行为守则》；如果渔民乙选择不遵守《行为守则》，渔民甲选择遵守《行为守则》的收益是 D，选择不遵守《行为守则》的收益是 C，那么作为理性人的渔民甲会选择不遵守《行为守则》。总之，不论渔民乙选择哪个决策，渔民甲都会选择不遵守《行为守则》，因此不遵守《行为守则》是渔民甲的占优决策。同理，不论渔民甲选择何种决策，不遵守《行为守则》都是渔民乙的占优决策。因此，渔民甲和渔民乙他们都选择不遵守《行为守则》是一次博弈中的均衡策略，负责任渔业无法实现。

（二）有限次重复博弈

有限次重复博弈属于序贯决策博弈，可以借用决策树来进行序贯决策博弈。① 假设渔民甲和渔民乙双方有 T 次博弈，按照倒推法的思想，需要从第 T 次倒退一步，即思考第 T−1 次的决策。由于渔民甲渔民乙都面临相同的情况，所以我们只需要考虑渔民甲的策略即可。

有限次重复博弈中最后一次的结果和一次博弈相同。② 从决策树可以看

---

① 王则柯、李杰编著《博弈论教程》，中国人民大学出版社，2004，第 165 ~ 168 页。

② Pedro Dal Bó. "Cooperation under the Shadow of the Future: Experimental Evidence from Infinitely Repeated Games". *American Economic Review*, 2005, pp. 1591 – 1604.

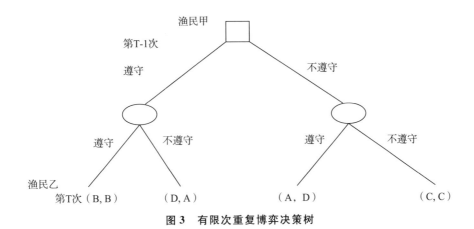

图 3　有限次重复博弈决策树

出，第 T 次博弈面临与一次博弈相同的情况，局中人渔民甲和渔民乙都会选择不遵守《行为守则》。因为在第 T 次时局中人都会选择不遵守《行为守则》，所以在第 T－1 次时，局中人也都会选择不遵守《行为守则》，依此类推，从第一次开始，局中人就会选择不遵守《行为守则》。所以在有限次重复博弈中，双方都遵守《行为守则》的局面无法出现，负责任渔业无法实现。

（三）无限次重复博弈

如果是无限次重复博弈，那么渔民甲和渔民乙双方的决策都会受到来自将来收益的影响，罗伯特·艾克斯罗德（Robert Axelrod）将其称为"未来的阴影"（the shadow of the future）。[1] 互动的序贯性意味着局中人可以根据先前双方的博弈行为决定自己下一阶段的策略选择。具体而言，根据先前双方是否遵守《行为守则》来决定自己下一阶段的策略是选择遵守《行为守则》，还是不遵守《行为守则》，这类决策被称为依存策略或者相机策略，比较有代表性的是冷酷策略和礼尚往来策略。冷酷策略是指双方一开始选择遵守《行为守则》，然后继续选择遵守《行为守则》，直到一方选择背叛，从此永远选择不合作。礼尚往来策略是指开始时双方合作，在以后的每个阶段如果你的对手在最近的一次博弈中采取遵守《行为守则》策略

---

① Andreas Diekmann. "The Power of Reciprocity: Fairness, Reciprocity, and Stakes in Variants of the Dictator Game". *The Journal of Conflict Resolution*, 2004, pp. 487 – 505.

或者在最近连续 K 次博弈中采取合作策略，则你继续遵守《行为守则》；如果你的对手在上一阶段的博弈中采取背叛策略，你则在下一次的博弈中采取不遵守《行为守则》策略来报复他，或者在后面连续 K 次博弈中采取不遵守《行为守则》策略来报复他。[①] 在交往过程中，人们时常会抱着"可以吃一次亏，绝不吃亏两次"的思想，所以较多地采用冷酷策略，即当对方不遵守《行为守则》时，你就不再和他合作。有一点值得关注，即遵守《行为守则》的收益和一般的收益不同，存在积累过程，遵守《行为守则》的收益会在传言（word-of-mouth）的作用下[②]，随着博弈回合的增多而不断增多。

如果渔民甲遵守《行为守则》，那么他在第 T 次的收益为 B，在冷酷策略下，第 T+1 次的收益也是 B，依此类推，假设贴现率为 r，其总收益为：

$$E(F) = \frac{B}{(1+r)^{n-1}} + \frac{B}{(1+r)^{n-2}} + \frac{B}{(1+r)^{n-3}} + \cdots$$

如果渔民甲不遵守《行为守则》，那么他在第 T 次的收益为 A，在冷酷策略下，他第 T 次之后的收益都为 0，其总收益为：

$$E(NF) = \frac{A}{(1+r)^{n-1}} + 0 + 0 + 0 + \cdots$$

显而易见，$E(F) > E(NF)$。

所以，在无限次重复博弈时，渔民甲和渔民乙都选择遵守《行为守则》。

通过对上述三种情况（一次博弈、有限次重复博弈和无限次重复博弈）的比较，可以发现在一次博弈和有限次重复博弈的情况下，渔民不会自觉遵守《行为守则》；只有在无限次重复博弈的情况下，渔民才有遵守《行为守则》的内在动力。

五　结论

人类活动对海洋生态环境的影响存在滞后性，外来渔民流动性强，如

---

① 王则柯、李杰编著《博弈论教程》，中国人民大学出版社，2004，第 231 页。
② J. Beck. "The Sales Effect of Word of Mouth：A Model for Creative Goods and Estimates for Novels". *Journal of Cultural Economics*, 2007, pp. 5－23.

果处理不当，容易发生"打一枪换一个地方"的情况，今天在这个海域进行捕捞，明天换一家公司，去另一个海域进行捕捞，较难自觉产生渔业资源可持续开发利用的意识，容易发生过度捕捞等情况，较难实现负责任渔业。此种情况，更接近于一次博弈或有限次重复博弈。根据前面的分析，在一次博弈或者有限次重复博弈中，渔民较难遵守《行为守则》。本地渔民则不然，他们世世代代生长在某个海域，对海洋的依赖性较强，本地渔民的情况更类似于无限次重复博弈。所以本地渔民有更大的内在动力去遵守《行为守则》。

康德最早提出"自律"与"他律"这对重要的哲学伦理学范畴。他指出，人作为"感性世界的成员，服从自然规律，是他律的"；自律概念强调道德标准是人内在的尺度，是作为发自内心的自觉自愿遵循的原则，"理智世界的成员，只服从理性规律，而不受自然和经验的影响"，是"意志自律"。①

通过博弈模型分析可知，在一次博弈或有限次重复博弈中，渔民没有选择遵守《行为守则》的内在动力；仅在无限次重复博弈的情况下，渔民才会有发自内心选择遵守《行为守则》的动机，达到"自律"的效果。因此，任何能够拟制出或者构建出类似于无限次重复博弈场景的措施，都有助于渔民将"他律"转变为"自律"，使其从内心遵守《行为守则》，更好地实现负责任渔业。

《行为守则》是一个自愿性的守则，对各国或者相关企业与个人都缺乏强制力。周界衡、慕永通指出，负责任渔业发展中存在诸如可操作性难以保证、法律效力不足、总体成效不佳、全球参与率不高、负责任概念本身的局限性等问题。② 如果从无限次重复博弈将"他律"转化成"自律"的角度进行思考，则更有针对性，能起到事半功倍的效果。

不仅中国如此，世界上很多国家都存在类似情况，渔业公司雇用外来渔民，有时甚至是外国渔民进行捕捞作业，由于流动性因素，负责任渔业较难实现。本文从劳动力流动视角来研究负责任渔业，在理论层面及应用层面均具有一定创新性。

---

① 陈进华：《自律与他律：公民道德建设的实践路径》，《道德与文明》2003 年第 1 期。
② 周界衡、慕永通：《负责任渔业的兴起、发展与困境》，《中国渔业经济》2012 年第 3 期。

六　政策建议

通过前面的分析，本文认为将一次博弈或有限次重复博弈内化为无限次重复博弈，是实现负责任渔业的有效途径。因此，任何能够拟制出或者构建出类似于无限次重复博弈场景的措施，都有助于渔民将"他律"转变为"自律"，使其自觉遵守《行为守则》，更好地实现负责任渔业，具体建议如下。

首先，加大对外来渔民群体的关怀力度。帮助外来渔民在渔村安家立业，丰富他们的业余生活，为他们提供与本地渔民相近的社会福利，增强他们的归属感，进而使他们能在思想认识和行动上认为自己是该地区、该渔村的主人，认识到海洋生态环境与他们息息相关[①]，在他们的脑海中播下可持续发展的种子，避免出现过度捕捞行为，更好地实现负责任渔业。

其次，鼓励外来渔民入股渔业企业。有不少专家建议通过与外来渔民签订长期合同的方式，增加他们的违约成本，起到保护海洋生态环境的作用。从本文前部分的分析可知，有限次重复博弈的结果与一次博弈类似，都无法实现负责任渔业。只有在无限次重复博弈的情况下，参与者才有遵守《行为守则》的内在动力，进而实现负责任渔业。目前，在舟山部分渔村，已有船老板以入股的形式邀请外来渔民加盟，拼股比例在 10% ~ 20%，当然当下的目的是留住外来渔民[②]，其在负责任渔业方面的效果将在未来几年逐步显现。

再次，减少外来渔民的无序流动。外来渔民的无序流动更类似于一次博弈的情况，参与者遵守《行为守则》的内在动力最小。建议由相关政府部门出面，提供一定的补助，在必要的时候，安排外来渔民从事其他暂时性工作，保证其基本收入，减少其无序流动[③]，将一次博弈的情况转变为多

---

① 陈晔：《我国海洋渔村的历史演进及转型与发展》，《浙江海洋学院学报》（人文科学版）2016 年第 2 期。

② 王友文：《典型渔村的空间转向与空间冲突——基于对舟山朱家尖月岙渔村的观察》，《浙江海洋大学学报》（人文科学版）2017 年第 5 期。

③ 邹德云、朱庆勇、水柏年：《外来渔民工对舟山近海渔业的影响》，《农家之友》（理论版）2010 年第 8 期。

次甚至是无限次重复博弈的情况，更好地实现负责任渔业。

最后，增加外来渔民的话语权和晋升空间。外来渔民群体往往处于弱势，无论在船上还是陆地上，其经济地位及社会地位都不高，在技术职务晋升方面也处于弱势，一般很难做到船长的位置。[①] 增加外来渔民的话语权和晋升空间，能有效地将外来渔民的需求逐步从生理需求和安全需求，提升到社交需求、尊重需求，甚至自我实现需求，进而将一次博弈的情况转变为多次甚至是无限次重复博弈的情况，更好地实现负责任渔业。

---

① 王建友：《典型渔村的空间转向与空间冲突——基于对舟山朱家尖月岙渔村的观察》，《浙江海洋大学学报》（人文科学版）2017 年第 5 期。

治理、博弈与拯救的竞争与平衡

——深海社会地缘政治话语建构刍议[*]

王书明　杨国蕾^{**}

摘　要： 约翰·汉尼根认为深海治理、主权博弈和拯救海洋是深海地缘政治的重要组成部分，分别反映了共享公海、争夺公海和保护公海的矛盾立场与态度。深海治理是深海地缘政治稳定的根本途径，主权博弈是深海地缘政治的突出表现形式，拯救海洋是深海地缘政治的现实导向。这三大主题的对立统一，共同影响着深海地缘政治的发展进程。汉尼根较全面地剖析了深海社会地缘政治问题，这既可丰富海洋政治学和管理学的理论内容，也将有利于进一步推动全球海洋治理和生态环境保护理念的发展与实现。其治理思想与海洋命运共同体这一"中国方案"不谋而合。

关键词： 地缘政治　深海治理　主权博弈　拯救海洋

深海作为人类正在重点开拓的"新疆域"之一，其治理成效、地区安全和生态环境不仅直接影响深海资源的数量和质量，也与人类的生存和可持续发展密切相关。约翰·汉尼根（John Hannigan）作为社会学家率先进入深海领域，研究深海社会的话语规则，将海洋社会学引入深海领域，成为深海社会学的开拓者。他指出，《联合国海洋法公约》为全球深海领域确立了新秩序，为各国在公海上的利益分配提供了法律依据，但全球治理主

---

* 本文是国家社会科学基金重大招标项目"中国海洋文化理论体系研究"（12&ZD113）、教育部人文社会科学研究规划基金项目"海洋生态文明建设的理论建构与实践路径研究"（22YJA840012）、山东省社科规划重点项目·习近平新时代中国特色社会主义思想研究专项"习近平新时代生态文明建设思想研究"（18BXSXJ25）阶段性成果。

** 王书明，中国海洋大学国际事务与公共管理学院教授，主要研究方向为海洋社会学与海洋政策；杨国蕾，中国海洋大学国际事务与公共管理学院硕士研究生，主要研究方向为海洋行政管理与海洋公共政策。

体的选择仍有待商榷，需要谨慎考察其参与全球海洋治理的目标是为全人类谋福祉还是仅为一国私利，是基于全球视野的善治还是基于国内政治的谋划。全球海洋治理体系的缺失会加剧主权争夺，深海地缘政治冲突集中表现为军事较量、政治博弈和科研干预，各国一方面将海洋纳入国家战略管理层面，通过提高海洋军事实力来掌握国际深海话语权并进一步扩大其影响力，另一方面也在不断加强危机管理意识，加快深海科学研究，甚至展开了激烈的科技竞赛，以尽可能保证国家的安全和利益。主权博弈极易造成国际利益纷争，海洋资源在竞赛中成为"牺牲品"，深海生态系统遭到破坏。深海资源有限性与人类欲望无限性之间的对立，深海生态系统的脆弱与人们环保意识的淡薄之间的对立，是影响海洋、地球和人类存在与发展的重要因素，各海洋国家需要主动承担起国际责任，有针对性地出台并推行海洋公共政策，把环保工作落到实处。由于保护海洋的议题牵涉的利益集团相对较少，相关政策更容易制定并获得支持。① 汉尼根着眼于过去、现在与未来，揭示了当前深海领域的地缘政治冲突与困境，进一步深化并发展了深海治理理论，为研究深海地区的政治稳定和可持续发展问题贡献了新视角。作为海洋大国，中国既是全球海洋治理的积极推动者，也是海洋安全的坚定维护者以及海洋环境保护的身体力行者，汉尼根的观点对于中国的海洋政策研究具有借鉴和启发意义。

一 深海治理是深海地缘政治稳定的根本途径

汉尼根指出，深海治理不同于一国主权之内的海洋管理，它更多地意味着各国共享未开发海域的资源，试图调节有海国和无海国之间的利益关系。② 将深海治理置于新型的跨国治理网络之中是实现深海资源合理配置的有效方法。从早期的海事法、"大炮射程"规则到学术界的"海洋自由论"和"海洋封闭论"研究，从最初的"无政府状态"到建立新的国际海洋秩序，人类在利用海洋资源的同时也在积极探索治理之道，以使国家行为正当化和国家利益最大化。《联合国海洋法公约》的颁布是现代海洋法发展的

---

① John Hannigan. *The Geopolitics of Deep Oceans*. Cambridge：Polity Press，2016，pp. 133 – 135.
② John Hannigan. *The Geopolitics of Deep Oceans*. Cambridge：Polity Press，2016，pp. 12 – 13.

关键转折点，体现了世界各国为寻求海洋善治而做出的重大努力。

（一）《联合国海洋法公约》为深海治理奠定了制度基础

《联合国海洋法公约》打破了原有低效的海洋治理局面，起到了国际"海洋宪法"的作用，其中最具影响力的成果是"人类共同遗产"原则，对原有的"公海自由"原则造成了冲击，是全球海洋问题合作与对话的前沿性原则。深海利益的划分不再单由国际地位与国家实力决定，而是有了国际法律的权利与义务约束。但是这又将资源分配权转移到新成立的国际组织或机构手中，使其得到海底海床的实际控制权。由于涉海问题的广泛性、复杂性和重要性，《联合国海洋法公约》在相关规则界定方面难免模糊、有漏洞。例如海洋科学研究的自由度的高低取决于其是否出于"和平目的"或"为全人类造福的目的"，这一点就极易被一些别有用心的国家利用以获取不正当利益。汉尼根认为，《联合国海洋法公约》默认的立场是"所有的海洋必须得到开发"，在一些类似于深海技术转让和深海公平开发等重要问题上表现出的妥协性既违背了海洋治理改革者的初衷，也破坏了正常的海洋治理秩序。汉尼根对《联合国海洋法公约》进行了细致客观的评价，反映出当前全球海洋治理体系存在的不足和缺陷，"人类共同遗产"原则过多地关注经济权益而忽视了国际社会责任，它改变的也仅是资源分配依据而没有提供具体解决方案，无法有效协调海洋资源开发和环境保护之间的关系，难以切实贯彻可持续发展理念。因此，当前深海治理改革的首要任务是丰富海洋法的内容，增强适用性和实用性，为宝贵的海洋资源提供良好的制度环境。中国基于国内长期的海洋管理经验和对国际形势的科学研判，创新性地提出了"海洋命运共同体"理念，这是对全球深海治理理论的丰富和发展。从"主权海域"到"海洋自由"，从"人类共同遗产"到"海洋命运共同体"，人类对于深海的认识不断趋于全面和理性；从深海自由主权到有限责任主权的转变，从国家"经济人"政策到国际"社会人"政策的转变，人类开始关注作为环境主体所肩负的责任与义务。

深海作为一个庞大的资源宝库，日益受到海洋大国的重视，深海资源分配以及深海治理秩序成了国际社会广泛讨论的话题。深海治理的困境之一在于难以解决个别国家利益和全球发展利益的平衡问题，也即资源争夺与环境保护之间的抉择问题。《联合国海洋法公约》是指导全球海洋治理的根本性行动指南。① 作为一揽子谈判的产物，它意在维持各项海洋制度规定与各方利益共存的"微妙平衡"，但是迄今为止的实践表明其平衡性已遭到破坏。② 平衡的原则很难把握。

汉尼根把《联合国海洋法公约》作为叙事支点，梳理了全球深海治理的基础性理论脉络。庞中英把研究视角从《联合国海洋法公约》上升到以联合国为中心的全球海洋治理体系建设上来，经过理论分析和实践总结，进一步揭示了全球海洋治理困境，并提供了具体的改革路径。海洋的主体部分为共享公域，汉尼根和庞中英都肯定了《联合国海洋法公约》在全球海洋治理过程中的地位和价值，同时倡导另建独立的、统一的国际海洋事务管理机构，形成新的国际海洋秩序和"新的全球协和体系"。③ 此外，庞中英认为，海洋治理的关键是要挖掘海洋现存问题——"公地悲剧"的根源，因此基于"集体行动的逻辑"等概念提出了多元治理和多层次治理的思路，重点强调非政府组织在治理实践中的作用。总之，汉尼根就《联合国海洋法公约》本身展开详细叙述但缺乏具体的完善对策，而庞中英通过探索相关的理论路径和聚焦海洋治理的核心问题，列出了全球海洋治理研究的议程，并针对联合国、中国与海洋科学学界提出了具体建议，预测了未来实践及研究的发展方向，具有很大的应用价值。

（二）全球深海治理体系亟待完善

一般认为，海平面 200 米以下的海域就是深海，从那里开始再无光照，绿色植物无法进行光合作用，只有少数动物、单细胞生物和细菌、病毒可以继续生存。④ 深海的主体部分是国家管辖范围以外的国际海底区域，即最大的政治地理单元，涵盖了区域的洋底、底土及海床。⑤ 汉尼根提出的深海治理侧重于全球海洋治理层面，是指为了维护深海区域的正常

---

① 庞中英：《全球海洋治理：中国"海洋强国"的国家目标及其对未来世界和平的意义》，《中国海洋大学学报》（社会科学版）2020 年第 5 期。
② 洪农：《国际海洋法治发展的国家实践：中国角色》，《亚太安全与海洋研究》2020 年第 1 期。
③ 庞中英：《在全球层次治理海洋问题——关于全球海洋治理的理论与实践》，《社会科学》2018 年第 9 期。
④ 萨拉·齐鲁尔：《深海争夺战》，朱刘华译，中国青年出版社，2013，第 23～24 页。
⑤ 刘峰：《在深海规则制订中贡献中国智慧》，《文汇报》2017 年 6 月 16 日第 4 版。

秩序和各国海洋利益、保护海洋生态环境，涉海主权国家、非政府组织、世界公民和国际组织等实践主体以平等协商合作的形式共同参与海洋建设，推动建立健全国际海洋治理架构及相关制度。他认为，深海治理的立场在于共享公海，将产权划归于行动主体的同时，也规定了与其他主体共享部分利益的义务，共享之地既不等同于非排他、非竞争的公有之地，也不等同于任人分割的无主之地。① 该论述较清晰地描绘了深海治理的现状与未来，为明晰全球深海治理的发展方向提供了一个崭新视角。

深海治理是调节深海资源配置的有效方式，也是稳定深海地缘政治局势的根本途径。当前人类在深海的活动以资源开采为主要动机，具体而言，石油开采、矿产开采和金属开采是"深海热"的关键影响因素。国际石油之争方兴未艾，石油在未来较长一段时期内仍将是国家经济发展的战略性能源。其不仅是国家生产生活的基础性能源，是中东地区国家的主要财政来源，也是国际地位及影响力的重要衡量指标，关系着国际政治局势的稳定。随着陆地石油资源的勘探和归属渐趋明确，人们开始把视野深入海洋，深海石油储量大，开采价值非常可观，但是存在一个突出问题。目前深海石油的开采地多在发展中国家，而发达国家才是主要的石油消费者，他们掌握着石油价格的实际控制权，深海治理的关键是处理好深海石油开采国与深海石油拥有国之间的利益关系问题，在制度设计方面，要保障发展中国家发展利益，理性管控深海石油的开采量，让深海石油成为发展中国家经济发展的加速器，使其以原材料供给所得收入完善国内基础设施建设，为经济社会的进步提供软硬件支持。在深海石油开采上，中国一方面要总结深海石油勘探经验，加快创新深海勘探和开采的高技术，注重相关专利及知识的保护②；另一方面，在数据分享、科研合作上要加强国际交流，积极推动相关国际性条约的制定与完善。深海治理制度体系的缺失使深海活动缺乏合法性保护或者规制，在一定程度上刺激了深海地缘政治效应及经济利益，最终导致深海行动者的无序竞争，深海生态环境形势不容乐观。在深海采矿方面，深海地缘政治权力的实际拥有者可能并未参与全球深海

① 杨剑：《深海、极地、网络、外空：新疆域的治理关乎人类共同未来》，《世界知识》2017年第 10 期。
② 郎一环、王礼茂：《石油地缘政治格局的演变态势及中国的政策响应》，《资源科学》2008年第 12 期。

治理体系的建立健全，但却监管着深海及海底处的经济活动。① 太平洋作为世界上最大、最深的大洋，深海资源丰富，是各海洋强国竞相开采的战略要地，可以预见的是，太平洋将成为深海"圈地运动"的热点区域。② 深海采矿前后的环境变化监测以及潜在风险预测是获取管理经验，引起公众、企业及政府重视，进而保障"人类共同遗产"可持续发展的关键性工作，全球深海治理体系的建立健全首先要将生态监管和财务监管两大职能前置，这关系着深海治理的实际成效。

海洋强国战略背景下的中国积极推动海洋治理体系和治理能力现代化，一方面以海洋经济治理为抓手、以海洋政治治理为契机、以海洋社会治理为平台、以海洋文化治理为支撑和以海洋生态治理为亮点统筹协调国家海洋管理事务，做好整体布局；另一方面积极参与全球海洋治理实践，着力打造平等互惠的"蓝色伙伴关系"，并于 2019 年 4 月首次正式提出"海洋命运共同体"理念。海洋命运共同体坚持各国以平等身份开展合作，共同参与全球海洋治理实践，全部成果由国际社会共享。2017 年 5 月，中国海洋主管部门研究开发的"西太海洋数据共享服务系统"正式开通全球业务，与国际社会共享最新数据及成果。2019 年在中国召开的海洋经济博览会，推动世界海洋国家抓住海洋发展机遇，加大开放合作力度，互利共赢，与世界各国人民共创海洋未来。在与世界海洋国家合作对话的过程中，中国切实践行着共享理念和海洋命运共同体理念，在促进海洋资源的合理配置、维护深海地缘政治稳定中发挥着重要作用。

二 主权博弈是深海地缘政治的突出表现形式

汉尼根指出，深海地缘政治突出表现为出于利益考量和对海洋控制权渴望的国家之间对涉海领域资源、权力和影响力的持续竞争。主权博弈描绘的是一个以敌对对抗、军事竞争为主基调的政治世界，这里的参与主体更多的是从政治野心和国家安全角度出发，以政治和军事目的为导向守护

① 安娜·扎利克、张大川：《海底矿产开采，对"区域"的圈占——海洋攫取、专有知识与国家管辖范围之外采掘边疆的地缘政治》，《国际社会科学杂志》（中文版）2020 年第 1 期。
② 赵业新：《论海上丝绸之路背景下中国与太平洋岛国深海采矿合作》，《太平洋学报》2019 年第 10 期。

固有领土，不断开拓新的发展空间，甚至不惜奉行霸权主义和强权政治。他分析了深海地缘政治中的主要冲突及其表现，为把握海洋国家深海政策以及国际政治形势提供了参考。中国一贯奉行不结盟、不称霸战略，始终坚持和平共处五项原则，在坚持"一个中国"原则的前提下，与其他各国平等交流、共谋发展。当前世界上缺乏一个可以包容各种主要海上力量的秩序架构，"有限多极"态势下的新型海洋大国协调关系也尚未建立①，海洋国家之间的竞争和较量不可避免，中国需要做到的是加快建设现代化海洋强国，积极防范应对海洋霸权主义，维护好国家和人民的利益与安全。

（一）深海主权博弈的构成要素

主权博弈的过程中有三个构成要素：规则、竞争者和行动。其中最重要的是行动，其可以在预测其他国家可能做出的反应的基础上，有技巧地利用主权声张来达到战略目标。从现实主义的研究角度来看，主权博弈不接受"公地属于共同财产"的概念。整体性视角下的全球海洋构成了一个棋盘，各国在这个棋盘上纷纷进行战略上的政治行动和领土主张。依此逻辑，只有拥有强大的海上力量，海洋国家才能真正具备全球影响力。由于深海压力大，水文环境复杂且难以被感知，很可能成为未来战争的新战场，所以深海在未来战争中的战略地位和军事价值不言而喻。② 中国要想在激烈的海洋主权竞争中依法维护自身权益，首先要重视国际海洋法律和规则，遵守规则并积极推动有关规则的健全和完善，同时分析其他海洋国家的涉海行为、政策、动机和偏好，并采取灵活的应对机制。

（二）政治、军事与海洋科学研究相融合

汉尼根指出，海洋国家经常会把深海勘测与国家安全、军事战略和政治抱负等问题联系在一起，甚至将政治导向贯穿于科学研究领域，以财政支持和政策引导的方式促使专家学者转变研究领域，投身政治或军事需要的领域和项目中去。这显示了当前的海洋主权竞争实际上是科学技术的竞

---

① 胡波：《中国海上兴起与国际海洋安全秩序——有限多极格局下的新型大国协调》，《世界经济与政治》2019 年第 11 期。

② 袁莎：《关于深海进入与开发的思考》，《中国海洋报》2018 年 7 月 12 日第 2 版。

争，中国在深海领域的研究与开发仍处于初期探索阶段，相关的技术支撑和制度建设仍比较薄弱，因此需要积极应对时代的挑战和考验，加大深海基础性研究和深海高科技研发投入力度，增强在参与国际深海事务治理方面的综合实力。

（三）深海地区的政治冲突

目前全球范围内的深海冲突多集中于南海地区、印度洋地区、北极和南极地区。一些发达国家或者海洋科技大国纷纷参与海洋区域的治理和极地地区的开发，受地缘政治和复杂利益纠缠的影响，甚至不惜干涉他国主权事务，利用本国的实力优势和影响力强迫他国调整国家行为。主权和国际法一度成为第一世界国家开发第三世界国家资源，并使其接受结构本身并不平等的国际体系的工具。南海问题既是国际冲突的热点，也是困扰中国的一大历史遗留难题，南海不仅资源丰富，更有着重要的地缘政治和战略军事价值。南海问题涉及的国家众多，甚至区域以外的、以美国为首的一些发达国家都格外关注南海区域，企图在南海区域维持其影响力和控制力，变相采取"重返亚太"措施，频繁干预中国内政，挑拨南海周边各国关系，制造南海问题。

由于主权博弈强调自由市场主权而非全球公地，极易引起地缘政治混战，所以尽管类似于《联合国海洋法公约》等有关国际规则和协议在涉海问题的界定上存在不足或空白之处，但其仍是维护海洋秩序的主要工具。中国历史上的"海上丝绸之路"是最早的海洋世界体系，它大大促进了沿线地区的经济和文化交流，展现了中国在涉海领域外交与合作中的包容、和谐的优良传统。[1] 在人类探索未知的过程中，中国始终认为，新疆域应该成为国际社会寻求合作、共同治理、共谋发展的平台，而非利益角逐的场所，普惠和共赢才是我们追求的目标。[2] 这体现了中国坚持走和平发展路线，倡导"善治"，即合法、效率、负责、透明、开放的海洋治理体系，并切实履行大国责任。

---

[1] 杨国桢主编《中国海洋文明专题研究》（第一卷），人民出版社，2016，第 195～196 页。
[2] 习近平：《共同构建人类命运共同体——在联合国日内瓦总部的演讲》，《国际援助》2017年第 1 期。

三 拯救海洋是深海地缘政治的现实导向

汉尼根强调，"如果最终海洋资源完全枯竭或海底受到污染，那么如何公平公正地分配战利品并不重要"[①]。拯救海洋是原则和底线问题，海洋是人类重要的生存家园，海洋治理和主权博弈是以海洋环境良好、海洋资源丰富为前提而产生的后续问题。对于"先污染后治理"的老路，世界上大多数的工业发达国家深有体会。世界三次重大工业革命在带来人类物质财富快速积累、生活丰富多彩的同时，也为人类可持续发展和资源可持续利用埋下了隐患。人们于 20 世纪开始觉醒，先后成立了政府环保部门、国际组织、全球性非营利机构和跨国性社团等来挽救我们赖以生存的生态环境，为弥补之前的生态破坏行为付出了大量的时间、财力、物力和人力，甚至付出了生命的代价。2016 年联合国环境大会报告显示，全球 25% 的人的死亡与环境污染密切相关。恶化的环境导致人们非正常死亡，5 岁以下丧失生命的儿童中超 1/4 是环境原因。[②] 一项研究估计，平均每平方公里海洋中，有 63320 颗塑料微粒漂浮在水面，这最终使海洋生物中毒或发生基因突变[③]，进而上升至食物链顶端，对全球公共卫生造成巨大威胁。

拯救海洋主要应着眼于政策制定和环境保护层面，重点突出深海地缘政治的价值导向，即保护生物多样性，实现人类社会的可持续发展。它的重心不再是经济利益和政治角逐，而是在认识到深海是一个独特的且受到威胁的生态系统后，形成一种价值理念和社会责任感。因此，这就需要海洋科学家和环境活动家充分发挥专业特长优势，承担其自身的职业责任和社会义务，主动填补关于深海生态系统现状以及变化趋势的知识空白。党的十九大报告强调了人与自然和谐共生的时代价值，要求尊重自然界发展规律，完善以绿色发展理念为指引的生态建设体系。习近平总书记做出重要指示，海洋关系着人类的生存与发展，要高度重视海洋生态文明建设，

① John Hannigan. *The Geopolitics of Deep Oceans*. Cambridge：Polity Press，2016，pp. 15 – 17.

② 《联合国环境大会在内罗毕召开——聚焦"健康星球，健康人类"》，https://news.cri.cn/20160523/abe87ef7 – 476d – a1c4 – 2dde – 95e513046cf5.html，最后访问日期：2023 年 5 月 14 日。

③ 张世钢：《第二届联合国环境大会助推全球可持续发展》，《世界环境》2017 年第 1 期。

重点关注海洋环境保护与海洋生物多样性治理问题。[①] 其中最紧迫和急需做的事情是加大海洋科学技术研究的财政投入和政策支持力度，为进一步了解和保护深海生态系统提供理论和科学依据。

（一）深海领域的生态危机

汉尼根指出，深海作为全球最大的生态系统，是绝大多数生命的摇篮，但其现状不容乐观，海洋生态系统正遭受严重破坏。基于此，拯救海洋的概念被提出。海洋是气候系统中心，在储存水和可移动碳、吸收二氧化碳等方面发挥着不可替代的作用。邓拉普认为环境在人类生产生活实践中充当三种角色——供应站、居住地和废物库，这三种角色的叠加对于全球环境将构成重大威胁。[②] 就海洋环境而言，在深海地区的过度捕捞将导致海洋生物多样性减少，资源衰减严重，再生能力与供应能力被削弱。深海采矿和天然气钻探等大规模作业将会破坏海洋物种栖息地，对底层生态系统造成巨大影响：一是生物种类多样性明显减少；二是再生与恢复速率减慢；三是生物密度明显下降。[③] 深海采矿除了会直接压死运动能力较弱的巨型、大型和小型底栖生物，如海绵、海星和海胆等，还会掩埋底栖生物的生存资料，对其造成间接性破坏。陆源污染物将会最终经由食物链回到人类自身，使人类自食恶果，危害人类健康。因此，如何使深海的资源供应站功能最大限度地发挥，尽可能减少对垃圾池或废物池的使用是解决深海环境问题的重要突破口。

人类活动正在重塑全球海洋环境。2014 年，据联合国环境规划署估计，海洋塑料垃圾每年会造成约 130 亿美元的经济损失。海洋塑料垃圾已随处可见，在全球沿海地区的峡湾、河口、浅海和大陆架，甚至在深海处都发现了海洋塑料碎片。[④] 预计到 2052 年，漂浮塑料垃圾将超过 86 万吨。海洋塑料垃圾会使珍贵的海洋动物和鱼类被缠绕致死，使某些鱼类因摄入或误食

---

① 《习近平致 2019 中国海洋经济博览会的贺信》，http://www.gov.cn/weixin/2019 – 10/15/content_5440000.htm，最后访问日期：2023 年 5 月 14 日。

② 约翰·汉尼根：《环境社会学》，洪大用等译，中国人民大学出版社，2009，第 19~20 页。

③ 王春生、周怀阳：《深海采矿对海洋生态系统影响的评价 Ⅱ. 底层生态系统》，《海洋环境科学》2001 年第 2 期。

④ Sönke Hohn and Esteban Acevedo-Trejos. "The Long-term Legacy of Plastic Mass Production". *Science of the Total Environment*, 2020, pp. 1 – 8.

塑料颗粒而患病致死，还会造成外来物种入侵和海水化学污染。2020 年伊始，联合国环境规划署和世界自然保护联盟制定了《国家塑料污染热点识别和应对指南》，中国国家发展和改革委员会也出台相关规定，加大力度治理塑料污染，从工业生产、市场流通、居民使用、后续回收等方面着手健全塑料制品管理制度，切实加强海洋环保的源头治理工作。

海洋环境保护之所以任务艰巨，症结在于环保的成本与收益之间存在不平衡与滞后性，导致高投入、见效慢，使治理主体的积极性和紧迫感不强。海洋治理是长期性工程，不会一蹴而就，但不能因此就忽略海洋生态危机的严重性。汉尼根提出，要想有效引起涉海群体的广泛关注，必须做好三方面的工作：一是确定问题，收集信息；二是清楚表达和输出问题；三是参与讨论与争辩，并配以政治行动。这为各国具体开展深海生态环保工作提供了指南，它们可以通过逐项监测评估来明确现存问题的重点和难点，厘清问题的根源并采取针对性的改进举措。近年来，中国创新性地将生态保护工作纳入近海地区地方政府部门的绩效考核管理，实行一票否决制和领导负责制，严格治理并监管废物倾倒行为，加强落实海域环境保护政策。此外，中国多次举办并参与有关海洋环境保护的国际会议，积极创造正外部效应并提供海洋类全球公共产品，旨在促进世界绿色发展。反观英美等发达工业国家，更多将深海作为经济掠夺和政治博弈工具，在环境保护方面相互推诿扯皮，消极承担相应的国际义务，这种做法的弊端在早期进行财富积累的同时转嫁环境风险，将大批工业垃圾、高污染企业转移到发展中国家时已经初见端倪，这将严重破坏环境的地域公平性。美国自特朗普上台后的一系列"退群"、毁约举措再一次暴露其"美国优先"的"霸权主义"行径。

（二）保护深海生物多样性

一般认为，物种多样性、基因多样性和生态系统多样性是生物多样性的三大构成要素 [1]。自 20 世纪 80 年代以来，生物多样性问题正式上升为国际上的主要环境议题。汉尼根认为，海洋保护能引起人们的广泛关注，离不开深海生物学和生态经济学的贡献。深海生物学中的生物多样性概念是海洋

---

[1]　约翰·汉尼根：《环境社会学》，洪大用等译，中国人民大学出版社，2009，第 122 页。

治理的一个关键要素，深海生物学只有在与多样性问题相结合时才真正开始成为一个科学专业领域①，人们越来越认识到生态系统、生物多样性和生物科学的重要性，这为深海活动者采取具体行动奠定了思想基础。

鲸类是深海中的高级哺乳动物，对保证食物链的完整性、促进海洋养分循环甚至是海洋固碳都起着关键作用，但是缺乏有效监管的商业捕捞活动一度使鲸类濒临灭绝。据国际捕鲸委员会统计，从 20 世纪 60 年代开始，鲸类的捕获量急剧下滑，且捕获的鲸类体积也在不断减小，这就说明商业捕鲸对于深海鲸类系统造成了致命性破坏。日本作为传统捕鲸大国，2018 年底以"保护食鲸文化"为由决定退出国际捕鲸委员会并重启商业捕鲸行为，且日本的捕鲸范围从南极洲的无人水域转移到北半球的工业化水域，这将对周边海洋国家的海洋利益与生物多样性造成重大影响。近现代以来，日本一直以环保大国自居，此项举措受到国际社会的广泛谴责，对日本国际环保形象造成负面影响。

深海渔业资源是深海生物多样性的重要表现之一，中国通过实行"休渔期"控制海洋捕捞强度，划定生态保护红线以保护海洋生物及其重要栖息地，积极履行《国际捕鲸管制公约》相关条例中规定的义务以保护濒临灭绝的鲸类生物，同时与国际社会联合行动严厉打击非法、隐瞒性质的渔业活动，积极履行国际渔业资源管理义务。

（三）实现深海可持续发展

可持续性系统是一个由经济效率、社会公平与生态系统完整性三大要素构成的系统，其理论依据是生态经济学，旨在处理经济与环境之间的平衡问题。深海的公共性突出表现为竞争性和非排他性。竞争性是指一国对海洋资源的开采和使用会减少对他国的供应数量和质量。非排他性是指在《联合国海洋法公约》的"人类共同遗产"原则指导下，各国在行使深海开发权的同时无权将他国排除在外。这就造成了深海开发路径上的拥堵，深海生态系统在满足人们无限欲望的过程中逐渐失去平衡。进入 21 世纪以来，中国将可持续发展置于国家战略层面，并落实到各项公共政策中，深海的可持续发展秉持海洋资源的利用能够兼顾当代人和后代人的需求与发展，

---

① John Hannigan. *The Geopolitics of Deep Oceans*. Cambridge：Polity Press，2016，pp. 129 – 131.

强调保证代际的公平原则。

汉尼根提出，涉海议题要想在公共政策上占据更突出的位置，就需要特别强调其与气候变化之间的密切关系。因为相较于海洋，人们对于气候变化的反应和感受更为强烈、深刻。中国在制定海洋管理政策时，也应重视和分析海洋环境与气候变化之间的关系，将二者有机结合，通过寻找共通性的方法统筹有关政策，加强政策间的协调性。一方面，深海可持续性治理既要有宏观的战略布局，也要有具体的跟进计划，且计划要具有一定的灵活性。中国在"十三五"区域发展战略中首次提出了"陆海统筹"的概念，以大国土观的视角把海洋纳入综合开发治理战略之中，同时整合沿海城市的海域发展规划和生态补偿政策机制，为切实保护、有序开发和合理利用深海资源提供政策支持。① 另一方面，可持续发展需要多元主体的参与，除政府机构发挥主导作用以外，还可以充分发动各类基金会、学会、媒体以及慈善机构关注海洋保护话题，为公共政策的出台建言献策。

丰富的深海资源以及辽阔的深海空间是人类接续发展的重要条件②，如果我们肆意破坏海洋生态环境而不加以保护，则意味着自断后路。拯救海洋的过程就是尽可能地避免出现"公地悲剧"、寻求"人与自然和谐共生"的过程。因为一旦深海区域出现了"公地悲剧"现象，不仅会影响人类对于海洋资源的获取和利用，更会直接影响人类的生存。

四 结论与讨论

21 世纪的地球是科技和人类文明极大发展的世界，人类在寻找着更广阔的发展空间，同时人类也面临着许多重大的生存威胁与挑战。人类对于神秘的、庞大的生态系统——海洋的探索的脚步从未停歇，深海区域的地缘政治问题成了当前国内外学者和专家广泛关注的问题。尽管人类对深海的研究尚未完全成熟，但是很明显西方发达国家已经在把大量的政策和科技投入转向这片领域，可以肯定的是未来一段时间内深海将成为各国竞争角逐的新场域和国际政治冲突的焦点。所以，汉尼根从国际关系的基本形

---

① 王业强、魏后凯：《"十三五"时期国家区域发展战略调整与应对》，《党政视野》2015 年第 11 期。
② 杨国桢等：《中国海洋资源空间》，海洋出版社，2019，第 5 页。

式——竞争、冲突、合作来深入剖析深海地缘政治问题。深海资源的竞争需要全球治理,传播共享的价值观;对国家安全的考虑引发地域冲突,凸显博弈的艺术;海洋环境困境呼唤全球合作,提倡环保理念。通过梳理深海治理、主权博弈和深海保护的历史渊源、内在运转机制和现存问题,人们能够及时发现问题、解决问题,防止事态发展得越发严重、棘手和被动。

但是,汉尼根的拯救海洋叙事存在一些局限。一是它没有突出可持续发展的优先地位,仍然试图从生态经济学的角度看待可持续发展问题,导致经济学气息浓厚而没有真正着眼于生态。二是拯救海洋的话语与现实存在断层。被拯救的对象一般处于濒临灭亡的状态,拯救一词显得过于严重,而且拯救侧重于事后控制,但事实上,深海于人类而言仍是未知领域,对其的探索进程还处于初级阶段,探索过程中造成的污染也多间接地影响深海环境。人类更应该从事前、事中控制角度出发,突出治理和危机管理的重要性,推进人与海洋的可持续发展。拯救海洋的说法易使人类在追求可持续发展时变得瞻前顾后、患得患失,甚至踌躇不前。保护海洋和可持续发展是统一于治理实践的,核心治理理念是实现人与自然的共生和协同进化。①

人与自然的和谐共生既需要我们完善国内海洋公共政策,又需要我们利用国际机制推进全球深海治理秩序的建立。中国在维护和遵守《联合国海洋法公约》的同时,也要积极促成深海新秩序的构建,为全球深海治理注入新活力。中国应继续坚持并倡导海洋命运共同体理念,争取在全球深海治理方面达成更多共识,加强与国际组织和其他海洋大国的合作与交流,共同探讨和解决深海污染、深海生态保护以及深海科技研究等关键性问题,为世界贡献中国方案与中国智慧,主动承担海洋大国的责任与义务。

---

① 王书明:《可持续发展涵义研究述评——对布兰特定义的质疑和中国学者的理解》,《哲学动态》1996 年第 10 期。

国家海洋督察如何形塑海洋环境治理模式[*]

张 良^{**}

摘 要： 国家海洋督察相比于科层制下的常规治理，更能改变海洋资源环境管理各个部门各自为政、缺乏整合协调的局面，增强互不隶属区域之间的协同合作，缓解中央与地方之间的信息不对称问题，对违反中央政策和国家法律法规的地方行为进行强力纠偏，明确重申中央在某一治理领域的底线，维护党中央的权威和集中统一领导。国家海洋督察制度打破了科层制下的常规治理模式，改变了海洋资源环境管理中的央地关系、部门关系、区域关系和地方政府间关系。这在很大程度上重塑了海洋环境治理模式。之所以能够如此，是因为国家海洋督察制度运作中委托方、管理方、代理方三者的目标协同和信息沟通方式发生了变化。这种变化的根本原因在于，委托－代理关系中的主体结构发生了改变。

关键词： 国家海洋督察 海洋环境治理 委托－代理关系

国家海洋督察制度是为了督促检查地方政府贯彻落实党中央、国务院在海洋资源管理与海洋生态环境保护领域重大决策部署、法律法规和重要政策，由中央对地方实施的层级监督制度。通过国家海洋督察制度，可以强化中央对地方行政权力的制约和监督。当前，督察制度日益成为国家治理的重要组成部分。除了国家海洋督察，国家土地督

---

* 本文受到中国海洋大学青年英才工程科研启动经费"央地关系视角下海洋环境治理运作逻辑研究"（项目号：3020000/862101013224）和中央高校基本科研业务经费（项目号：3020000/842212008）资助。

** 张良，中国海洋大学国际事务与公共管理学院副教授，主要研究方向为地方政府治理、城乡基层治理。

察、中央环保督察在土地资源保护、生态环境保护等各自领域发挥着重要作用。①

一 督察制度与国家海洋督察

督察制度在自然资源部、生态环境部等资源与环境部门有着较为广泛的应用。无论是土地、海洋还是大气、水，都关系到国家的整体发展和长远利益，关系到国民的身体健康和根本利益。而在这些领域，地方政府为了发展经济和短期局部利益违背中央决策部署和突破国家法律法规约束的可能性较大，中央与地方之间存在较大利益冲突。督察制度主要是指在党中央、国务院的授权下，由中央部委牵头对省级（省、自治区、直辖市）党委或政府的监督检查。当然，在督察的压力下，省级党委、政府会在督察期间对本级党委、政府及其各部门和地级市党委、政府及其各部门开展督察，以便更好地迎接检查并对相关问题进行整改。不同于一般的督察或督查②制度，中央环保督察、国家海洋督察更多是以中央对地方的监督检查为主，不是常规的政府层级之间的监督检查，具有更强的运动式治理色彩，具有较强的周期性和间歇性。例如中央环保督察自 2016 年启动以来已经开展两轮，而国家海洋督察则自 2017 年开始先后两批次对沿海 11 个省、自治区、直辖市完成了第一轮督察。中央或国家的督察一般会长时间地进驻地方，例如中央环保督察和国家海洋督察进驻时间一般为 1 个月，督察时间较长，在调阅材料、个别访谈、实地核查等方面的监督检查更为全面、系统。

中央环保督察和国家海洋督察在生态文明建设中发挥着独特作用。其中，国家海洋督察的重要功能就是监督检查地方政府贯彻落实党中央、国务院的国家海洋资源环境的重大决策部署情况。目前关于国家海洋督察制

① 有关国家土地督察、中央环保督察、国家海洋督察的相关规定可以参见《国务院办公厅关于建立国家土地督察制度有关问题的通知》《中央生态环境保护督察工作规定》《国家海洋局关于印发海洋督察方案的通知》。

② 关于督查工作的相关规定可以参见《关于统筹规范督查检查考核工作的通知》《政府督查工作条例》。关于督查工作的发展历程和运行机制可以参见徐湘林《新时期我国督查制度和运行机制的再认识》，《中国行政管理》2019 年第 12 期。

度的研究不多，张新在其博士学位论文中分析研究了海洋督察的概念、内在本质、运行特征与机制，运用权力制约监督理论探究了建立和完善国家海洋督察制度体系的有关问题，提出了建构国家海洋督察制度体系的初步法学理论，并设计了适合中国国情的国家海洋督察制度模式。① 华丽雯与孙义宇分析了中国海洋督察制度执行的现状、存在的问题及其原因，并提出了对策建议。② 蔡先凤、童梦琪认为国家海洋督察制度需要在国家立法和地方立法加强、制度体系健全、督察主体法律地位明确、督察程序规范、责任追究机制完善等方面进一步优化。③ 黄玲俐着重研究了国家海洋督察制度法治化问题，提出了从"制度化督察"转向"法治化督察"。④ 王琪、田莹莹对沿海各省、自治区、直辖市海洋督察反馈意见进行了文本分析和定量研究，挖掘了国家海洋督察制度的内容、运作及其背后的逻辑，提出在国家海洋督察制度中要增强立法能力、融入中央权威、扩大公众参与。⑤ 以上研究为我们认识和理解国家海洋督察制度奠定了坚实基础。

国家海洋督察相比于科层制下的常规治理，可以改变海洋资源环境管理各个部门各自为政、缺乏整合协调的局面，增强互不隶属区域之间的协同合作，缓解中央与地方之间的信息不对称问题，对违反中央政策和国家法律法规的地方行为进行强力纠偏，明确重申中央在某一治理领域的底线，维护党中央的权威和集中统一领导。本文所要讨论的是，督察制度是如何打破科层制下的常规治理模式而实现以上功能的。为了更好地阐释这一问题，本文以 X 省对国家海洋督察反馈意见的整改落实方案为分析对象⑥，尝试分析国家海洋督察制度会对央地关系、部门关系、区域关系等带来哪些新的变化，这些新的变化如何解决科层制因其规模、信息传递、执行监管、人际关系而导致的组织失败问题⑦，如何打破政府各部门之间因边界明确、

---

① 张新：《海洋督察制度研究》，中国海洋大学博士学位论文，2013。
② 华丽雯：《中国海洋督察制度执行研究》，大连海事大学硕士学位论文，2015；孙义宇：《中国海洋督察制度完善研究》，大连海事大学硕士学位论文，2019。
③ 蔡先凤、童梦琪：《国家海洋督察制度的实效及完善》，《宁波大学学报》（人文科学版）2018 年第 5 期。
④ 黄玲俐：《海洋督察制度法治化研究》，宁波大学硕士学位论文，2018。
⑤ 王琪、田莹莹：《海洋督察制度的逻辑与发展——基于 NVivo 软件的文本分析》，《环境保护》2020 年第 7 期。
⑥ 资料来源于《X 省贯彻落实国家海洋督察反馈意见整改方案》。
⑦ 周雪光：《运动型治理机制：中国国家治理的制度逻辑再思考》，《开放时代》2012 年第 9 期。

按部就班、各司其职而产生的各自为政、各行其是、部门利益至上的困局。

二 国家海洋督察形塑海洋环境治理的维度

国家海洋督察组由原国家海洋局负责组建，代表国务院对省级政府及海洋主管部门、海洋执法部门进行监督检查，通过这一高位平台，推动地方政府贯彻落实党中央、国务院关于国家海洋资源环境的重大决策部署，推动其遵守国家海洋资源管理与海洋生态环境保护相关法律法规。国家海洋督察对科层制下海洋环境治理模式的形塑主要表现在以下几个方面。

（一）强化中央对地方的监督

国家海洋督察重构了原国家海洋局与省级政府之间的关系，依托省级政府将督察压力传递给各级地方政府及其相关部门，实现监督检查的层级联动。原国家海洋局是隶属于原国土资源部的国家局（现在自然资源部加挂牌子），属于副部级职能部门。其重要的职责就是负责监督管理海域使用和海洋环境保护。地方政府在经济全球化、工业化和城镇化的过程中，在围填海等海洋资源利用方面时常突破中央政策和国家法律法规的约束，对海洋生态环境造成较为严重的影响。按照科层制下的常规治理模式，原国家海洋局一般通过各级地方政府对口设置的海洋主管部门，对地方海洋资源管理与海洋生态环境保护进行监督检查。省级政府及其各部门（省级海洋主管部门除外）都不在原国家海洋局的管辖与业务指导范围。对于省级政府通过或转发的省级各部门涉海的规划、条例、意见，原国家海洋局一般不适合直接干预。即使是省级国土部门、省级生态环境保护部门出台的涉海规划、条例、管理办法或出现的违规审批、越权审批等用海管海行为，原国家海洋局一般也不宜直接介入。

通过国家海洋督察制度，国家海洋督察组代表国务院不仅对省级海洋主管部门和执法部门进行监督检查，而且对省级政府进行监督检查。虽然在级别上比省级政府低一级，但原国家海洋局仍可以对其形成强有力的约束，主要体现为以下几点。一是代表国务院进行督察，对于督察中发现的重要情况和重大问题，原国家海洋局会及时向国务院请示报告。二是整改落实成效与区域限批、围填海指标直接挂钩。督察组进驻结束之后会向省级政府反馈督察意见，要求在收到反馈意见后的 1 个月内制定整改落实计划并报原国家海洋局，在 6 个月内报送整改落实情况。对于省级政府整改落实不力的地方，可以采取区域限批和扣减围填海指标等惩罚措施。三是对于整改落实不力的地方，可以对地方政府进行警示约谈。因此，省级政府对于国家海洋督察高度重视，在迎接督察组会议和督察意见反馈会议上，省级政府一把手一般会出席并发表讲话，诸如表态高度配合督察组完成督察任务，坚决按照督察组反馈意见整改落实等。各个省级政府大多成立以省级政府主要负责同志（一般为省长、直辖市市长、自治区主席）为组长的国家海洋督察反馈意见整改工作领导小组（以下简称领导小组）。领导小组副组长一般为海洋、生态环境等方面分管负责同志，领导小组成员大多有省内沿海地级市和省级相关部门的主要负责同志，领导小组办公室一般设在省级自然资源厅下属的海洋主管部门。

因此，国家海洋督察制度重构了原国家海洋局与省级政府之间的关系，通过原国家海洋局和海洋督察组将贯彻落实中央关于海洋资源管理与海洋生态环境保护重大决策部署的压力传导给省级政府。省级政府在国家督察高压下，在领导小组的统筹协调下，动员省级各部门、地级市政府及其各部门全力贯彻落实督察组的反馈意见，统筹各方力量，上下联动、条块结合，大力规范海域使用行为，纠正在围填海等领域的违规审批、越权审批等政府行为。在国家督察和省级监督检查的压力下，省级以下政府之间、各部门之间层层传递压力，属地为主、分级负责，形成与省级领导小组类似的动员部署。与原国家海洋局与省级政府之间的关系类似，在国家海洋督察反馈意见的整改落实过程中，省级海洋主管部门在领导小组的权威协调下，其与地级市政府之间的关系也得以重构。

（二）增强部门之间的协调性

国家海洋督察打破部门壁垒，强化各个部门在涉海领域的沟通、协调与合作。海洋资源管理与海洋生态环境保护问题不是单凭海洋主管部门和海洋执法部门就可以解决的，在围填海管控、海岸线保护、海洋功能区划、入海河流综合整治等各个方面，需要海洋、环保、国土、规划、水利等多个部门共同参与、协同合作、陆海统筹。但是按照科层制运作的常规治理模式，各个部门之间分工明确、界限清晰，大家各司其职、各行其是，部门之间合作的动力不是很强。同时，每个部门都有自己的工作目标、发展规划，都有向下对口设置、职责同构①的部门体系及管理体制，都有各自追求的特殊利益，也有不断扩大本部门权力、提高资源可控能力的趋向。因此，在涉海的各个部门之间，为了争取在用海管海领域部门利益的最大化，海洋主管部门、环保部门、国土部门、水利部门等各个部门之间存在一定的利益冲突。②另外，如果部门之间遇到需要通力合作、责任共担的问题，经常会出现相互推诿、互相扯皮的现象。因此，在科层制的常规治理模式下，部门之间的合作是一个不太容易解决的问题。

在国家海洋督察中，为了更好地贯彻落实国家海洋督察组的反馈意见，省级政府以领导小组为平台，统筹各级政府、各个部门的力量，打破部门界限，强化层级联动、部门合作，争取在最短时间内完成整改任务。在国家督察压力和省级政府监督检查之下，部门之间的利益冲突被暂时搁置，它们精诚团结、通力合作以共同应对外部压力。下面以 X 省为例进行说明。国家海洋督察组在对 X 省的反馈意见中指出：

> 涉海的城市、土地等规划与海洋规划缺乏有效衔接，海洋、国土、规划、水利等部门在海岸线保护和围填海管控方面协调不够。涉海的土地、城市等规划以土地二调线作为边界，在与海洋功能区划重叠区域未能与省级海洋功能区划相衔接，个别地方遇到相关规划难以衔接时政府未能统筹协调、妥善处理。

X 省对此高度重视，在整改措施中有力地整合省自然资源厅、省水利厅、省海洋局等多个部门的力量，以提升海洋综合管理水平，并明确整改责任单位、整改目标和整改期限。其中，一是要求国土部门、规划部门与省海洋局之间建立用海用地管理协调机制。在编制土地规划、国土空间规划过程中，与海洋功能区划、海洋主体功能区划等做好衔接工作。二是要求水利部门陆海统筹，增强与海洋主管部门的协调合作，在入海河流综合

---

① 朱光磊、张志红：《"职责同构"批判》，《北京大学学报》（哲学社会科学版）2005 年第 1 期。

② 例如，沿海地区海洋主管部门与国土部门在对海岸线向海一侧的建设项目的审批方面存在一定管理权限冲突。

整治方案、海堤建设规划、岸线利用管理规划方面，做到与海洋功能区划、海洋生态红线的衔接协调。三是要求省海洋局尽快实施涉海区划规划编制工作流程，加强涉海类区划规划与相关规划的有效衔接，在围填海管控和海岸线管理方面与国土部门、规划部门、水利部门建立协调机制，推进"多规合一"。

据此可见，国家海洋督察可以有效打破部门壁垒，强化各个部门在涉海领域的沟通、协调与合作。与此类似，在落实省级整改方案的过程中，地级市各个部门、县级各个部门之间的合作性也会增强。

（三）增强海洋主管部门的力量与话语权

国家海洋督察可以强化海洋主管部门在执法监管中的权威与力量，增强海洋生态文明建设在各级政府及其各部门中的话语权。在海洋资源管理与海洋生态环境保护中，海洋主管部门和海洋执法部门无疑发挥着重要作用。在涉海管理与执法中应该建构以海洋主管部门为主导、其他部门配合的格局，这有利于保持海洋主管部门在各级地方政府中的相对独立地位，确保其依法管海、执法严格，将海域使用纳入法治化、制度化轨道，纠正政府及相关部门在用海过程中的违规审批、越权审批、边批边建、未批先填等行为。但是，在各级政府及相关部门的实际运行中，相比于发展改革部门、财政部门、国土部门、住建部门、工信部门等事关经济发展的部门，海洋主管部门相对弱势，部门权力和话语权相对较弱。在地方用海过程中，海洋主管部门的权力时常被虚置和架空。例如，在海洋主管部门没有出具用海预审意见和未安排围填海计划指标的情况下，地方政府及发展改革等部门直接对围填海项目立项，这样的现象并不鲜见。X 省五个地级市的发展改革部门违反围填海计划管理相关规定，在未取得海洋主管部门的用海预审意见和围填海计划指标的情况下违规办理 12 个围填海项目立项。再如，在没有征求海洋主管部门意见的情况下，环保部门直接出具海岸工程环境影响报告书。X 省环境保护厅自 2012 年总计出具 47 个海岸工程环境影响报告书，其中 12 个没有依法征求海洋主管部门、海事部门意见。这种现象在 X 省地级市的环境保护部门中也较为常见。

在县级层面，海洋主管部门在以发展经济为名的众多强势部门中，越发显得孤立无助。在地方城镇化、工业化的进程中，海洋资源开发利用更多优先服从于地方经济发展，违法使用海域、非法围填海的现象较为常见。在某种意义上可以说，当前违法围填海的主导者或组织者是地方政府及其相关部门。例1：县级政府（或开发区管委会）直接组织违法填海，地级市土地部门不经海洋主管部门竣工验收，直接办理围海造陆的土地证。

> 2012年以来，X省A地级市滨海经济技术开发区管委会在海岸线向海一侧实施某河河口两侧区域整治工程，违法填海面积402公顷。后续，该地级市的国土部门为其中的112公顷海域办理了土地证，仍有290公顷海域既无海域使用证又无土地证。

上述案例中，开发区管委会未经海洋主管部门审批在向海一侧实施违法填海400多公顷，面积较大。虽然是出于河口整治的公益目的，但是毕竟没有做到陆海统筹。与开发区管委会类似，地级市国土部门也绕开海洋主管部门，为其中112公顷海域办理土地证。

例2：由县级政府（或开发区管委会）主导，相关部门违法填海。

> 2015年1月至2017年5月，由X省A地级市滨海经济技术开发区管委会主导，开发区交通运输局在未取得海域使用权的情况下实施某工程项目建设，非法占用海域46公顷，该工程于2017年5月取得用海批复，目前尚未取得海域使用证。2015年5月省级海洋主管部门查处了该违法行为，处罚后开发区交通运输局继续实施违法行为，开发区海洋与渔业局先后3次向开发区交通运输局下达责令停止违法行为通知书。

以上案例属于典型的未批先建、无证用海，由开发区管委会主导，开发区交通运输局具体实施违法填海行为，省级海洋主管部门、开发区海洋与渔业局先后对其查处和责令停止违法用海行为，却并没有收到很好的成效。2012年以来，X省未经批准的围填海面积为1593公顷，大部分是由政府主导、政府相关部门或国企实施的违法围填海。之所以如此，一方面与海洋部门在各级政府部门中的弱势地位有关，发现违法用海行为后，很难强力执行、严格执法；另一方面，也与海洋主管部门监管力量薄弱有关，与其人力、经费不足有关，难以加大海域动态监管力度、做到事前预防，将违法用海行为消灭于萌芽中。

国家海洋督察制度的实施，首先强化了海洋主管部门在执法监管中的权威与力量。在整改工作方案中，省级政府要求各个地级市政府和海洋主管部门加大执法巡查力度，严格执行"旬巡查、旬报告"制度，以便及时发现和制止违法用海活动，坚决遏制、严厉打击违法违规围填海行为。这一切都建立在提高海域动态监管能力和加强海监执法队伍建设的基础之上。为此，整改工作方案提出，通过省内各个沿海地级市政府、省自然资源厅、省委编办、省财政厅通力合作，增强海洋主管部门的监管力量，主要措施包括：第一，调整优化海洋相关事业单位机构设置和职能配置，加强对海域动态监管系统的从业人员业务培训和人才队伍建设（地级市政府、省自然资源厅、省委编办共同负责、协同推进）；第二，省财政厅和沿海地级市政府积极落实海域动态监管经费，省财政厅足额保障省级海洋主管部门基本支出及业务类支出，并督察各市、县（市、区）建立稳定的动态监管投入保障机制（由省财政厅、地级市政府共同保障）。以上两项措施从人事和经费两个方面，提高了海洋主管部门对地方政府及其相关部门海域使用行为的动态监管能力。

其次，增强海洋生态文明建设在各级政府及其相关部门中的话语权。随着城镇化、工业化的推进和经济全球化发展的需要，海岸线附近的用海用地需求日益增加，填海造陆现象较为普遍。地方各级政府和相关部门在 GDP 主义和晋升锦标赛①的导向下，在海域使用和围填海方面存在诸多违规审批、越权审批现象。

2008 年，X 省政府批复了由省国土部门和海洋主管部门联合报批的海岸线方案，但国土部门没有进行宣传和贯彻，自批复以后仍然在新确定的海岸线向海一侧越权审批了大量海域。2012 年以来，全省在海域内办理用地相关手续 1290 本，面积达 16456 公顷，省内各个沿海地级市都有涉及。部分区域甚至未经海域使用审批，直接实施了围填海且办理了用地相关手续。各级地方国土部门之所以能够在未经海洋主管部门用海审批的情况下，长期在海岸线向海一侧办理大量用地审批，在很大程度上是因为各级地方政府的默许。相较于经济发展和城市建设，海洋生态环境保护在地方政府

---

① 周黎安：《中国地方官员的晋升锦标赛模式研究》，《经济研究》2007 年第 7 期。

的议事日程中被置于次要位置。

在国家海洋督察组反馈了对 X 省的意见后，省政府及时制定了整改落实方案，要求各有关市政府、省政府有关部门要坚决扛起生态文明建设的政治责任，正确处理好发展与保护的关系，坚决纠正海域资源利用粗放模式①，并在整改方案中对海岸线向海一侧违规实施用地审批问题提出具体解决措施，要求沿海各个地级市和省自然资源厅协调共同解决。在这里摘录其中的一部分内容：

> 地级市 B：加强土地管理与海洋管理的衔接，规范土地证换发审查审核管理。杜绝未经海洋主管部门用海审批，在海岸线向海一侧办理用地审批情形发生。
>
> 省自然资源厅：严格按照省政府批复的海岸线规范用海用地管理，落实海洋功能区划制度，加强土地管理与海洋管理的衔接，杜绝在海域内不执行《中华人民共和国海域使用管理法》而直接办理用地手续的情况。

从以上整改方案中的解决措施可以看出，国家海洋督察制度对于推动各级地方政府规范围填海审批和海域使用行为具有积极作用，可以强化陆海重叠范围内用地与用海的衔接。海洋主管部门的审批权限得到了更多尊重，《海域使用管理法》、海域功能区划制度等重要法律法规和相关制度得到了贯彻落实，海洋生态文明建设得到了各级地方政府更多重视。

（四）强化区域之间的合作

国家海洋督察可以打破地区边界，强化地级市之间的区域合作。海洋的流动性和整体性容易使局部的海洋污染转化为区域性的海洋污染②。因此对于入海污染源的治理，一方面需要强化部门协调，实现环保部门、水利部门、住建部门、工信部门等协同治理；另一方面需要加强区域之间的合作，建立沿海地级市之间的区域协作机制，实现行政区域边界的监测联动、执法联动、应急联动。尽管很多地方签订了"行政区域边界环境执法联动

---

① 资料来源于《X 省贯彻落实国家海洋督察反馈意见整改方案》。

② 王宏：《实施国家海洋督察制度 推进海洋生态文明建设》，《中国海洋报》2017 年 1 月 23 日第 1 版。

协议书"，但由于地方保护主义、权责模糊等往往没有严格落实。例如，X 省两个地级市的界河，其入海断面连续六年出现劣 V 类水质，这很大程度上源于两市未能在污染物入海方面建立联防联控机制。国家海洋督察制度的实施，重点监督检查了各地入海污染源的治理情况。从 X 省公布的整改方案来看，第一，国家海洋督察推动了两市环保部门、水利部门之间的跨域合作治理，建立起了联防联控机制；第二，督促两市严格按照共同签订的"行政区域边界环境执法联动协议书"实行联合执法；第三，国家海洋督察强化了区域合作与部门协同。由 X 省环保厅、水利厅监督检查两市合作建立河长制工作协作机制，实现区域协作、河海共治。

（五）改变地方政府部门间的"共谋"

国家海洋督察可以改变地方政府部门间的"共谋"①，增强海洋执法权威。当前，主导、组织或实施围填海的主体正是地方政府及其相关部门和下属国企，存在诸多违规审批、越权审批、未批先建、边批边建等违法围填海情形。违法围填海的审批、实施往往需要发展改革、国土等相关部门的合作（尤其以县级层面为多），并在当地政府的默许下进行。这对于发展主义至上的地方政府来说具有一定正当性。当海洋主管部门或海洋执法部门发现违法围填海之后，往往都已成既定事实，只能为之补办审批手续或办理用海证明。事后补救方法之一是，海洋主管部门按照海域使用管理办法收缴违法用海罚款，重罚当事人，杀一儆百，从而对地方政府及其相关部门、下属国企形成威慑，强化执法必严、违法必究的依法治海精神。但是，地方政府为了不打击相关部门开发利用海洋资源和开展围填海发展地方经济的积极性，也为了保障下属国企的经营利润，一般会同相关部门协商合谋，让违法行为当事人变相少交罚款或不交罚款。

> H 海岸投资有限公司的母公司是某区国有资产经营公司，H 公司因为非法围填海，被处以约 6500 万的罚款。该国有资产经营公司以土地整理资金名义向某区政府申请财政资金，实则是为了缴纳罚款。某区政府批示财政局拨付，后财政局将财政资金拨给违法行为当事人母公

---

① 周雪光：《基层政府间的"共谋现象"》，《社会学研究》2008 年第 6 期。

司，母公司将资金拨给违法行为当事人，让其用于缴纳罚款，后罚款又由当事人缴至该区财政局。

通过上述案例可以发现，海洋执法部门对于非法围填海行为的处罚没有达到预期效果，并不能遏制类似行为的发生。实际上，这种拿财政资金为违法用海的政府部门或国有企业缴纳罚款的现象较为常见。

自国家海洋督察制度实施以来，通过对省级政府施加监督检查压力，将整治违法围填海的压力层层传递给沿海地级市政府及其相关部门，严禁财政代缴罚款和变相减轻违规用海部门或国企的惩罚力度，力图改变地方政府与其相关部门的"共谋"，减少以牺牲海洋生态环境来发展经济的地方保护主义做法，从而加大海洋执法力度，做到应罚尽罚、执行到位、及时结案，维护《海域使用管理法》《海洋环境保护法》等法律法规的权威。

三 国家海洋督察中的委托－代理关系变化

国家海洋督察制度改变了科层制下海洋生态文明建设中的央地关系、部门关系、区域关系和地方政府间关系，重塑了海洋环境治理模式。之所以如此，重要原因是督察制度中的委托－代理关系的目标协同和信息沟通方式发生了变化[1]，推动纵向间政府关系治理优化。[2] 发生如此变化，究其根本在于委托－代理关系中的主体结构发生了变化。

在科层制下的常规治理模式中，如果将海洋环境治理中的纵向主体简单划分为中央层面的海洋主管部门、省级层面的海洋主管部门和省级以下各级政府的海洋主管部门，按照委托－代理关系，其扮演的角色分别是委托方、管理方和代理方。[3] 在委托－代理关系中普遍存在着激励问题和监督问题[4]，即委托方的动机、目标、利益，与管理方、代理方往往不一致。特

①　周黎安：《转型中的地方政府：官员的激励与治理》，上海人民出版社，2008。
②　郁建兴、刘殷东：《纵向政府间关系中的督察制度：以中央环保督察为研究对象》，《学术月刊》2020 年第 7 期。
③　周雪光：《中国政府的治理模式——一个"控制权"理论》，《社会学研究》2012 年第 5 期。
④　周黎安：《转型中的地方政府：官员的激励与治理》，上海人民出版社，2008；桂华：《项目制与农村公共品供给体制分析——以农地整治为例》，《政治学研究》2014 年第 4 期。

别是在海洋生态文明建设领域，三方之间存在较强的目标离散性。① 中央层面从可持续发展和生态环境保护的高度，制定统一的政策和法律法规。作为管理方和代理方的地方层面，则更多考虑本区域经济发展，将海洋生态环境保护置于相对次要位置。三者的动机、目标、利益的不同，决定了在海洋环境治理的政策执行过程中往往存在偏差，党中央和国务院在海洋生态文明建设领域中的重大决策部署和法律法规在地方政府的执行过程中存在选择性执行、歪曲执行等问题。与此同时，由于存在委托－管理－代理之间信息的不对称和层级众多问题，加之在一般行政督察中地方政府及其各部门间的"共谋"，中央层面并不能及时获知地方政策执行的真实效果并及时进行纠偏。从某种意义上讲，督察制度就是为了解决委托－代理关系中的以上问题。其解决的途径主要是改变委托－代理关系中的主体结构。

在国家海洋督察制度下，委托－代理关系中的主体结构发生了较大变化。在委托方中，将国务院带入，即中央层面的海洋主管部门（最初是原国家海洋局，后来并入自然资源部）代表国务院对地方政府开展海洋督察；在管理方中，将省级政府带入，即将之前省级海洋主管部门和执法部门扩展至省级政府；在代理方中，将地市级和县级的海洋主管部门和执法部门扩展至各级政府。委托－代理关系中的主体结构的变化导致委托方、管理方和代理方三者之间的目标协同和信息沟通方式发生了变化。

首先，委托方、管理方和代理方三者的目标趋向一致。在国家海洋督察中，原国家海洋局代表国务院对省级政府和省级海洋主管部门和执法部门开展督察，对于督察中发现的重要情况和重大问题，原国家海洋局会及时向国务院请示报告，同时可以对国家海洋督察反馈意见整改落实不力的地方政府采取区域限批和扣减围填海指标等惩戒性措施，故而省级政府对国家海洋督察高度重视和配合，委托方与管理方二者的目标趋向一致。沿海各省级政府均成立以省级政府主要负责同志（一般为省长、直辖市市长、自治区主席）为组长的国家海洋督察反馈意见整改工作领导小组，通过整合省级国土部门、环保部门、海洋主管部门、发展改革等各个部门力量，动员地级市政府及其相关部门，按照国家海洋督察组的反馈意见认真贯彻

① 李声宇、祁凡骅：《督查何以发生：一个组织学的分析框架》，《北京行政学院学报》2018年第 4 期。

落实整改方案。作为代理方的地市级政府和县级政府，在省级政府和领导小组的压力下，动员本级政府及其有关部门和下级政府及其有关部门，在整改落实过程中与作为管理方的省级政府和海洋主管部门与执法部门保持一致。

其次，委托方、管理方和代理方之间的信息沟通增强。在科层制中普遍存在着向直接上级负责的现象。① 上下级之间形成一定的庇护－依附关系，成为较为紧密的利益共同体。直接上级对下属的行政督察存在一定的局限性。在国家海洋环境治理领域，依托科层制的常规治理模式存在着行政层级众多和信息不对称等诸多问题，加之上下级之间的庇护关系和基层政府部门间的"共谋"，地方政府及其部门在贯彻落实中央关于海洋资源环境保护的重大决策部署和法律法规的过程中遭遇的各种问题和真实效果并不能及时反馈到中央层面。中央与地方信息的不对称，导致众多违规审批、未批先建、边批边建等用海乱象问题无法得到及时解决。一般而言，政策执行是依托科层制逐级向下传递的。政策执行效果如果按照同一管道反馈，则往往容易出现信息失真，即由上及下的政策指令信息与由下及上的政策效果信息不能走同一管道。② 从某种意义上讲，国家海洋督察制度在海洋环境治理领域的央地信息沟通中，重新建立了一条信息传输管道。国家海洋督察组代表国务院直接进驻省级政府，甚至可以下沉至设区的市，通过实地调查、个别访谈、座谈、调阅资料等方式，获知国家海洋资源环境有关决策部署和法律法规的执行与落实情况，了解各地在用海管海过程中存在的重大问题以及群众反映强烈、社会影响恶劣的围填海、海岸线破坏等突出问题，并以此为基础提出有针对性的整改意见。在地方政府整改落实的过程中，作为委托方的国家海洋督察组仍然可以代表国务院，通过"回头看"的方式，进驻地方监督检查整改方案的落实情况，以此重塑科层制下的海洋环境治理模式。

---

① 周雪光：《国家治理逻辑与中国官僚体制：一个韦伯理论视角》，《开放时代》2013 年第 3 期。

② 俞可平：《走向善治：国家治理现代化的中国方案》，中国文史出版社，2016。

海洋社会工作：从议题到领域

崔　凤[*]

摘　要： 在海洋世纪，人类海洋实践活动空前活跃，由此会产生特定的社会问题，这些社会问题的出现为社会工作向海洋领域扩展提供了可能。在现阶段，海洋领域的社会工作议题是客观存在的，也是显著和多样的，只是海洋社会工作实务还没有真正开展起来。海洋社会工作的形成和发展要经历"作为议题的海洋社会工作"和"作为领域的海洋社会工作"两个阶段。"议题阶段"是海洋社会工作的初级阶段，在这一阶段，海洋社会工作的主要任务是寻找社会工作的海洋议题，开展相关的实务工作，探索实务工作模式。"领域阶段"是海洋社会工作的发展阶段、提升阶段和成熟阶段，在这一阶段，海洋社会工作的服务对象已经明确，更为重要的是海洋社会工作的实务模式已经成熟，包括实务知识、实务技能、工作模式等。这些作为独立的社会工作实务领域的标志，可以使海洋社会工作区别于其他社会工作实务领域。

关键词： 海洋社会工作　社会工作的海洋议题　海洋领域的社会工作

一　问题的提出

随着海洋强国建设的不断推进，我国海洋实践的广度和深度正日益扩展，由此带动了人文社会科学研究的"海洋热"。其中，在社会工作领域就出现了"海洋社会工作"的提法，引起了人们的讨论。从研究渊源上来看，海洋社会学早期关于海洋社区、海洋问题特别是其中的"三渔"（渔业、渔

---

* 崔凤，上海海洋大学海洋文化与法律学院教授，主要研究方向为海洋社会学。

民、渔村）问题、海洋环境问题等的研究已经为人们对海洋社会工作的讨论提供了可能。大约 10 年前，已有研究者将社会工作引入关于海洋社区重建的讨论中。研究者们认为，明确海洋社区的概念及内涵，充分认识海洋社区社会工作的重要意义，分析海洋社区发展模式、社会行为、生活方式、价值观念、制度与环境等社会条件变量对海洋社区系统运行的影响有着极其重要的理论和实践价值。① 在明确了海洋社区的概念及内涵的基础上，研究者们认为海洋社区在发展的过程中存在渔民"失海"、渔民转产转业、外来流动人口（如雇佣制的船员、海员等）、渔民老龄化等问题，这些问题严重威胁着海洋社区的健康发展、稳定和谐。因此，需要引入社会工作进行干预，用社会工作的理论和方法解决这些问题，促进海洋社区的社会整合、实现海洋社区的公平与公正、保障海洋社区的和谐与稳定。② 只不过，上述研究没有使用海洋社会工作一词，同时，这些研究成果寥寥无几，没有引起学界和实务界的重视。

时隔近 10 年，海洋社会工作一词出现了。海洋社会工作这个概念或社会工作领域出现的背景应该与人才培养有关。目前，国内（不包括港澳台）共有大连海洋大学、大连海事大学、中国海洋大学、江苏海洋大学、上海海洋大学、上海海事大学、浙江海洋大学、广东海洋大学、海南热带海洋学院 9 所海洋特色大学，其中大连海事大学、上海海洋大学、海南热带海洋学院有社会工作本科专业，广东海洋大学有社会学本科专业，大连海事大学、海南热带海洋学院有 MSW。既然是海洋特色大学，学校必然要求各层次人才培养要与学校的特色相结合，要能体现学校的特色。于是在 MSW 培养上，大连海事大学就设定了海员社会工作这个培养方向，而海南热带海洋学院则设定了海洋社会工作这个培养方向。同时，大连海事大学、上海海洋大学、广东海洋大学还在本科生人才培养方案中设置了"海洋社会学"这门课程。上述做法是非常正确的，也是应该鼓励的。

在现有的讨论中，肯定海洋社会工作的观点认为海洋社会工作之所以能够存在，是因为其有比较明确的工作对象和议题，开展海洋社会工作具

① 吴宾、党晓虹：《社会工作对和谐海洋社区构建的意义》，《法制与社会》2010 年第 10 期。
② 吴宾、党晓虹：《社会工作对和谐海洋社区构建的意义》，《法制与社会》2010 年第 10 期；吴永红、王上：《区域性海洋社会建设中的社会工作干预》，《中国海洋社会学研究》2013 年卷总第 1 卷。

有一定的福利意义，也具有一定的紧迫性。① 对海洋社会工作持怀疑态度的观点主要有两种，一种观点认为所谓的海洋社会工作实务非常有限，目前还缺乏相关社会工作实践，缺乏从实践中生成海洋社会工作分科的基础。② 另一种观点认为海洋社会工作如果是"社会工作的海洋议题"，那么海洋议题是什么目前还不明确；海洋社会工作如果是"海洋领域的社会工作"，那么什么是海洋社会、海洋社会是不是独特的存在形态还未可知。③ 上述两种观点虽然对海洋社会工作持怀疑态度，但并没有完全否定海洋社会工作，而是指出了海洋社会工作的可能性和发展方向，并且给出了非常具有启发性的说法，如"社会工作的海洋议题""海洋领域的社会工作"等。从以上讨论中我们可以发现，研究者们都认为海洋领域存在社会工作议题，但海洋社会工作能否成为社会工作的一个独特实务领域，研究者们对此产生了分歧。对海洋社会工作持肯定态度的研究者虽然指出了海洋领域社会工作议题的客观存在和开展海洋社会工作的福利意义，但对海洋社会工作如何能成为一个独立的社会工作实务领域这个问题却没有涉及。而对海洋社会工作持怀疑态度的研究者却认为海洋社会工作要成为独立的社会工作实务领域是非常困难的。

既然研究者们都承认海洋领域社会工作议题的客观存在，那么再去讨论"社会工作是否有必要以及是否可能向海洋领域扩展"这样的问题就已经没有太大的意义了。海洋领域社会工作议题的具体表现是什么以及如何开展相关的社会工作实务？海洋社会工作如何发展才能成为一个独立的社会工作实务领域？这两个问题是需要继续讨论的。只有将这两个问题讨论清楚了，人们才能真正明白"海洋社会工作是什么、海洋社会工作是干什么的、海洋社会工作怎么干"这一系列的问题。

本文认为海洋社会工作的形成和发展要经历"作为议题的海洋社会工作"（以下简称"议题阶段"）和"作为领域的海洋社会工作"（以下简称"领域阶段"）两个阶段。其中"议题阶段"是海洋社会工作的初级阶段，是寻找海洋领域社会工作议题并开展相关社会工作实务的阶段；而"领域

---

① 邓琼飞：《海洋社会工作：社会工作研究的一种新视野》，《社会与公益》2019 年第 8 期。
② 赵玉峰：《海洋社会工作刍议》，《社会与公益》2019 年第 8 期。
③ 任文启：《海洋社会工作：社会工作海洋议题？还是海洋领域的社会工作？——兼论社会工作的分科原则》，《社会与公益》2019 年第 8 期。

阶段"是海洋社会工作的发展阶段、提升阶段和成熟阶段，是海洋社会工作成为独立的社会工作实务领域的阶段。

本文从传统意义和扩展意义两个方面分析海洋领域社会工作议题的具体表现以及如何开展相关的社会工作实务，包括寻找议题、确定社会问题、明确服务对象、设置社会工作岗位等，并认为"议题阶段"是海洋社会工作的初级阶段，而"领域阶段"是海洋社会工作的发展阶段、提升阶段和成熟阶段，是海洋社会工作作为独立的社会工作实务领域的阶段。本文将对"领域阶段"的海洋社会工作，即作为独立的社会工作实务领域的海洋社会工作要达到什么样的标准进行分析。

二 作为议题的海洋社会工作

21世纪是海洋世纪，这意味着人类海洋实践活动将空前活跃，如果管理不当，就会产生一定的社会问题。这些社会问题既可能影响到海洋实践活动主体如渔民、船员等的生计，也可能破坏海洋生态环境，导致人海关系失衡，进而影响社会发展。从维护人海和谐关系、保护海洋生态环境的角度来看，需要不断提高公众的海洋意识，引导公众参与海洋生态环境保护工作。社会问题的出现是社会工作产生的客观前提，由人类海洋实践活动所产生的特定的社会问题，为海洋领域社会工作议题的出现提供了条件，而围绕海洋议题开展的社会工作就是海洋社会工作的初级形态。

（一）海洋问题与社会工作——传统意义上的海洋社会工作

在传统意义上，无论人们如何理解，社会工作的对象都是人，是那些因各种原因陷入生活困境中的人。这些陷入生活困境中的人，可以是个体型的，也可以是群体型的，更可以是社区型的，于是我们就可以运用个案工作、小组工作、社区工作等各种社会工作专业方法对他们进行帮助，以使其脱离困境。所以，找到使人陷入生活困境中的原因，对于社会工作实务来讲是非常关键的，因为只有这样，才能"对症下药"。

在社会工作实务和理论研究中，寻找使人陷入生活困境中的原因时，往往从社会问题入手，如贫困问题、毒品问题、老龄化问题、犯罪问题等，与之相关联，就形成了救助社会工作、矫治社会工作、老年社会工作、司法社会工作等各个社会工作实务领域。因此，在这个意义上，社会工作在宏观方面所要解决的就是各种各样的社会问题。

那么，海洋会产生社会问题吗？答案当然是肯定的。海洋会产生三种类型的社会问题。首先是自然意义上的海洋所产生的社会问题。作为地球上一种独特的环境资源类型，自然意义上的海洋会产生陆地上所没有的自然现象，如台风、海啸、风暴潮等，一旦这些自然现象发生，就会带来海洋灾害，对人类的生命和财产造成巨大的损害，于是就产生了灾害问题。海洋灾害中的灾民是需要进行救助的，但由于海洋灾害的独特性，对灾民的救助不能运用一般的灾害救助的手段和方法。其次是人文意义上的海洋所产生的社会问题。人文意义上的海洋是指受人类海洋实践活动影响发生了物理和化学变化后的海洋，这时的海洋会出现海水污染、盐度变化、鱼类资源减少、赤潮频发、海水温度上升、海平面上升等问题。这些问题被称为海洋环境问题，海洋环境问题会带来其他的社会问题，如渔民的生计问题、渔业衰退问题、渔村衰落问题等。最后是海上社会或船上社会所产生的社会问题。船上社会是一个独特的社会环境。船舶要长期漂泊在海上，船员或海员、海军军人等的工作和生活空间有限，人际关系密切，工作方式单一，生活单调，长期与家人分离、与社会分隔，这些都会导致船员或海员、海军军人在结束航行后或在辞职、退休后出现生活困境，由此可能引发家庭婚姻、人际冲突、社会不适应等社会问题。

通过上面的分析，如果从"社会问题－生活困境"的关系来看，我们会发现，海洋会产生诸多的社会问题，受这些社会问题的影响，一些人会陷入生活困境之中，而这些人就可能成为社会工作的服务对象。

具体来讲，这些可能的服务对象首先是海洋灾害中的灾民。自然资源部发布的 2019 年《中国海洋灾害公报》显示，2019 年，我国海洋灾害以风暴潮、海浪和赤潮等灾害为主，海冰、绿潮等灾害也有不同程度的发生。各类海洋灾害给我国沿海经济社会发展和海洋生态带来了诸多不利影响，共造成直接经济损失 117.03 亿元，死亡（含失踪）22 人。其中，风暴潮灾害造成直接经济损失 116.38 亿元；海浪灾害造成直接经济损失 0.34 亿元，死亡（含失踪）22 人；赤潮灾害造成直接经济损失 0.31 亿元。虽然没有公布灾民的数量，但从直接经济损失和死亡（失踪）人数来看，我国的海洋灾害还是非常严重的，而且基本上是常态化的。

其次是海洋环境变迁影响下的渔民和渔村社区。据农业农村部渔业渔政管理局的统计，截至 2019 年 12 月底，"十三五"以来全国已累计拆解海洋捕捞渔船 20414 艘。这就意味着有大量的海洋捕捞渔民要转产转业或失业。另据《2019 中国渔业统计年鉴》，2018 年我国渔业人口和渔业从业人员（其中包括淡水渔业人口和淡水渔业从业人员）数量有一定程度的下降，其中，渔业人口 1878.68 万人，比上年减少 53.18 万人，降低 2.75%；渔业人口中的传统渔民 618.29 万人，比上年减少 33.85 万人，降低 5.19%；渔业从业人员 1325.72 万人，比上年减少 33.67 万人，降低 2.48%。虽然统计中没有区分海洋和淡水的情况，但海洋渔业人口和海洋渔业从业人员规模的大幅下降却是不争的事实。到目前为止，我国还没有确切的海洋渔村数量的数据，沿海渔村和海岛渔村估计在 1000 个以上。受海洋渔业资源减少以及国家政策的影响，海洋渔业特别是传统的海洋捕捞渔业日益萎缩，从而造成渔民转产转业或失业，这就可能使得渔民陷入生活困境，而以渔业为主要产业的渔村社区也会遇到可持续发展的困境。

最后是长期在海上社会或船上社会中工作和生活的人群，如船员或海员、海军军人等。我国是海运大国，拥有大量的船员或海员。交通运输部发布的《2018 年中国船员发展报告》显示，截至 2018 年底，我国共有注册海船船员 737657 人，同比增长 4.0%，其中女性船员 40211 人。在所有的注册海船船员中，国际航行海船船员 545877 人，同比增长 4.1%，其中女性 34315 人；沿海航行海船船员 191780 人，同比增长 3.9%，其中女性 5896 人。由此可见，我国有大规模且稳定增长的注册海船船员，其中还有大量的女性。另据不完全统计，我国现有现役海军 25 万人。

那么，针对上述人群的社会工作岗位应该在哪里？首先，海洋灾害救助岗位应该在民政部门和相关的社会组织。截至目前，我国社会工作者参与最多的是地震灾害中的灾民救助，参与其他灾害救助的情况比较少，而参与海洋灾害救助的情况几乎没有。专门从事海洋灾害救助的社会组织还并未出现。

其次，针对海洋环境变迁影响下的渔民和渔村社区的社会工作干预，工作岗位应该设在沿海或海岛上的渔村居民委员会或渔村社区，和沿海或海岛上的县乡两级政府，以及相关社会组织。从目前的情况来看，渔村社区、沿海或海岛上的县乡两级政府还没有设立专门的针对渔民和渔村社区的社会工作岗位，而专门针对渔民和渔村社区的社会组织已经出现了，如海南的智渔可持续科技发展研究中心等。

最后，针对长期工作和生活在船舶上的特殊人群的社会工作岗位应该设在航运公司和军队。航运公司如中国远洋运输（集团）总公司等要在企业内部设立专门的社会工作岗位，负责解决该企业的船员或海员在职期间的心理调适、家庭生活、人际关系以及离职、退休后的社会适应问题。海军应该设立专门的社会工作岗位，负责解决军人服役期间以及退役之后的社会融入问题。

综上所述，海洋问题会影响一些海洋实践中的主体人群，从而导致这些人群的生活出现困境。在传统意义上，社会工作应将这些人群纳入实务领域，通过开展社会工作干预，帮助这些人群摆脱困境。

在国内，公认的社会工作实务领域有 13 个，根据人群年龄划分，有儿童青少年社会工作、老年社会工作；根据人群身份特性划分，有妇女社会工作、残障社会工作、司法社会工作；根据现有的民政工作内容划分，有优抚安置社会工作、救助社会工作；根据服务场域划分，有家庭社会工作、社区社会工作、医务社会工作、学校社会工作、军队社会工作、企业社会工作。[①] 由此可见，由于不是采用同一个标准进行的划分，所以现有的 13 个社会工作实务领域之间的界限是相当模糊的，领域之间的交叉是相当普遍的，这就意味着伴随着新的社会问题的出现，新的社会工作实务领域也会出现，但体现为在现有的 13 个社会工作实务领域基础上进行交叉综合的结果。

前面所分析的因海洋问题而出现的社会工作服务对象，基本上可以被现有的 13 个社会工作实务领域所覆盖，海洋灾民可以被纳入救助社会工作，渔民和渔村社区可以被纳入社区社会工作，船员或海员可以被纳入企业社会工作，现役海军军人可以被纳入军队社会工作，退役海军军人可以被纳入优抚安置社会工作。由此可见，海洋社会工作或者社会工作的海洋议题不是没有，而是隐藏在各个社会工作实务领域之中没有凸显出来。但不可否认的是，社会工作的海洋议题是客观存在的，而且是非常众多的，海洋

---

① 任文启：《海洋社会工作：社会工作海洋议题？还是海洋领域的社会工作？——兼论社会工作的分科原则》，《社会与公益》2019 年第 8 期。

社会工作的出现是有客观基础的。因此，"议题阶段"的海洋社会工作应该充分利用现有的社会工作实务领域框架，积极寻找海洋领域的社会工作议题，开展社会工作实务活动。

（二）美好生活需要与社会工作——扩展意义上的海洋社会工作

党的十八大报告提出："提高海洋资源开发能力，发展海洋经济，保护海洋生态环境，坚决维护国家海洋权益，建设海洋强国。"党的十九大报告提出："坚持陆海统筹，加快建设海洋强国。"这标志着海洋强国建设已经成为我国的既定战略目标。经过近 10 年的不断努力，我国海洋强国建设已经取得了令人瞩目的成就。但我们也发现，公民的海洋知识还不足，海洋意识还不够高，参与海洋环境保护活动还不够积极，这些都会严重影响我国海洋强国建设进程。

与此同时，我国的生态文明建设也任重而道远。作为生态文明建设重要组成部分的海洋生态文明建设虽投入较多，但效果并不明显。海洋生态文明建设效果的不明显，原因是多方面的，其中公民的海洋知识不足、海洋意识不强、参与海洋环境保护活动不够积极依然是重要原因。

那么，社会工作能否参与海洋强国建设和海洋生态文明建设呢？如果能，社会工作又能做些什么呢？

从社会工作在中国的发展历程来看，社会工作的服务对象始终是"弱势群体"。如果仅从服务对象来定义社会工作的话，社会工作的服务对象就只能是社会中的一小部分人，由此社会工作的作用就可能被严重限制了。

社会工作应该不断扩展其服务对象和实务领域，不要再以服务对象来定义社会工作，而是要以专业方法技术和专业价值伦理来定义社会工作。"社会工作以社会场景中有需求的个人、家庭和群体、社区和组织为对象，依托'以人为本、助人自助、公平公正'的专业价值伦理和'临床层面和宏观层面'的特有工作技术，协助工作对象改变和推动社会场景优化，预防、舒缓和解决工作对象的困境，满足工作对象的需求，从而推进工作对象与外在场景之间的和谐平衡，促进社会公正，其根本目标就是构建和谐社会。"[①] 社会工作"不分性别、年龄与贫富，以协助个人发挥其最大潜能，

[①] 顾东辉主编《社会工作概论》，复旦大学出版社，2008，第 5 页。

使其获得最美满、最有意义的生活为目的。它的工作重心已不仅仅局限于对被救助者社会关系的调整与革新，也不仅仅局限于对被救助者物质上的扶助，而且有专业的咨询服务，以协助他们自觉、自立及发挥潜能。其工作对象不只是若干贫困或遭遇其他社会问题的人，而且已延及一般大众或全体人民"①。因此，满足服务对象的需求就应该成为社会工作的根本目的。

人们的需求是多层次的，也是不断变化的。如果说满足人们基本生存需求的社会工作是传统意义上的社会工作的话，那么满足人们不断增长的发展需求的就应该是扩展意义上的社会工作。党的十九大报告指出，我国的主要矛盾已经转化为"人民日益增长的美好生活需要和不平衡不充分的发展之间的矛盾"，人民日益增长的美好生活需要不仅包含物质方面，而且包含环境生态友好方面，其中碧海蓝天、绿水青山就是人民日益增长的美好生活需要的一个重要部分，人们不仅渴望享有碧海蓝天、绿水青山，而且有着积极参与环境保护和治理的愿望。中共中央、国务院于 2015 年印发的《关于加快推进生态文明建设的意见》指出，要动员全党、全社会积极行动，深入持久地推进生态文明建设，要加快形成推进生态文明建设的良好社会风尚，包括提高全民生态文明意识、培育绿色生活方式、鼓励公众积极参与。中共中央、国务院于 2019 年印发的《新时代公民道德建设实施纲要》指出，绿色发展、生态道德是现代文明的重要标志，是美好生活的基础、人民群众的期盼；要推动全社会共建美丽中国，增强节约意识、环保意识和生态意识；开展创建节约型机关、绿色家庭、绿色学校、绿色社区、绿色出行和垃圾分类等行动，倡导简约适度、绿色低碳的生活方式，拒绝奢华和浪费，引导人们做生态环境的保护者、建设者。而关于海洋生态文明建设，习近平总书记于 2013 年在中共中央政治局第八次集体学习时指出，海洋在国家生态文明建设中的角色更加显著，要下决心采取措施，全力遏制海洋生态环境不断恶化趋势，让我国海洋生态环境有一个明显改观，让人民群众吃上绿色、安全、放心的海产品，享受到碧海蓝天、洁净沙滩；要把海洋生态文明建设纳入海洋开发总布局之中；要进一步关心海洋、认识海洋、经略海洋，推动我国海洋强国建设不断取得新成就。② 因

① 李迎生主编《社会工作概论》，中国人民大学出版社，2018，第 4 页。
② 《进一步关心海洋认识海洋经略海洋，推动海洋强国建设不断取得新成就》，《人民日报》2013 年 8 月 1 日第 1 版。

此，推进生态文明建设，特别是海洋生态文明建设，满足人民日益增长的环境生态友好需要，帮助人们实现积极参与环境保护和治理的愿望也应该成为社会工作的重要任务。面对生态文明建设特别是海洋生态文明建设以及海洋强国建设，社会工作不应该仅被动地面对各种社会问题及服务对象，而应该成为积极型的社会工作，积极主动地参与到生态文明建设和海洋强国建设之中，发挥专业优势，以满足人民日益增长的对环境生态友好型社会的需要。

在扩展意义上，社会工作参与海洋强国建设和海洋生态文明建设可以从以下三个方面入手：普及海洋知识、提升公民的海洋意识、促成公民的海洋环境保护行动。

普及海洋知识首先可以在各级学校中进行。有的地方如青岛市已经将海洋教育纳入义务教育阶段课程，对中小学生进行海洋知识的普及。在学前教育阶段以及大学教育阶段也应该进行海洋知识的普及。其次可以在社区中进行海洋知识的普及，可以通过宣传单（册）、宣传栏、知识讲座、展览等方式对社区居民进行海洋知识的普及。最后可以利用各种媒体特别是新媒体进行海洋知识的普及，微信公众号、微博等都是可以利用的平台。

除了海洋知识的普及，也可以向民众宣传讲解海洋对人类的重要性、海洋与人类的重要关系、我国及世界海洋发展的状况、我国海洋强国建设的成就等，以此不断提升民众的海洋意识。

促成公民的海洋环境保护行动，就是将有意愿的公民组织起来，使其参与到实际的海洋环境保护行动中来，如清除海边垃圾等。在这方面，可以发挥社会组织的作用，以社会组织为中介和平台，将民众组织起来，形成集体行动。到目前为止，已经出现了一大批专注于海洋环境保护的社会组织，如上海仁渡海洋公益发展中心。该中心的使命是通过组织和支持净滩活动，推动海洋垃圾治理，减少入海垃圾。截至 2019 年底，该中心已经累计清除海滩垃圾 341.8 吨（含协作净滩），参与志愿者累计达 67313 人次（含协作净滩）。

以上关于海洋知识普及、海洋意识提升以及海洋环境保护行动促成的做法并不是政府的行为，而是社会工作者的行为。那么，社会工作者的岗位在哪里呢？这些岗位包括：政府中的社会工作者，特别是涉海部门中的社会工作者；学校中的社会工作者；社区中的社会工作者；社会组织中的社会工作者。以上的社会工作岗位到目前为止有的还只是设想中的，但从海洋强国建设和海洋生态文明建设的角度来看，应该考虑设置这些岗位。

综上所述，无论是在传统意义上，还是在扩展意义上，海洋领域的社会工作议题都是客观存在的，也是非常明确的，而且是极其多样化的，因此，社会工作向海洋领域扩展是极其必要的，也是可能的。在"议题阶段"，海洋社会工作所要做的是积极寻找海洋领域的社会工作议题，在现有的成熟的社会工作实务领域框架内，开展相关社会工作实务，探索海洋社会工作实务模式。

三　作为领域的海洋社会工作

在"作为议题的海洋社会工作"这个初级阶段，海洋社会工作要完成以下任务：一是要确定海洋社会工作的客观基础，使得海洋社会工作的出现成为可能；二是要积极寻找海洋领域的社会工作议题，并开展相关的社会工作实务活动，但在这个阶段相关实务活动主要是在已经成熟的各个社会工作实务领域框架内进行，如灾害社会工作、社区社会工作、企业社会工作、军队社会工作、优抚安置社会工作等；三是要开始探索海洋社会工作实务模式。海洋社会工作要想发展为独立的成熟的社会工作实务领域，只做到上述三点还是远远不够的。

"作为领域的海洋社会工作"是海洋社会工作的发展阶段、提升阶段和成熟阶段，是海洋社会工作最终成为独立的社会工作实务领域的阶段。这一阶段的主要任务是在"议题阶段"充分发展的基础上，通过总结实务经验，形成成熟的实务模式，并使海洋社会工作最终成为独立的社会工作实务领域。在这一阶段，海洋社会工作要依照独立的社会工作实务领域标准，在以下几个方面做出努力。

一是要明确实务领域。海洋社会工作实务领域是非常明确的，即海洋领域。在这里，所谓的海洋领域不是自然意义上的海域，而是由人类海洋实践所形成的一个社会领域。在这个特定的社会领域中，围绕海洋实践，即利用、开发和保护海洋活动形成了特定的社会关系，有明确的实践主体（包括群体和组织），有明确的规则和文化。在地理意义上，这个海洋领域既可以是一艘船，也可以是一个渔村社区，更可以是沿海城镇。在群体意义上，这个海洋领域既可以是渔民，也可以是船员或海员，更可以是海军军人。在组织意义上，这个海洋领域既可以是一支军队，也可以是一个企业。在海洋领域，有各实践主体之间的互动，有各种各样的社会关系，有矛盾和冲突，有各种各样的社会问题。总之，海洋领域不是虚构的，是有各种各样载体的，是客观存在的。

二是要明确所要解决的社会问题。社会工作是以解决社会问题为根本宗旨的，没有社会问题就没有社会工作。一个独立的社会工作实务领域要针对一个或几个特定的社会问题，而这个或几个特定的社会问题就是该社会工作实务领域所要解决的。如贫困社会工作就是针对贫困问题而产生的，贫困问题就是贫困社会工作这个社会工作实务领域明确要解决的社会问题。海洋社会工作所要解决的社会问题就是海洋问题，海洋问题是海洋实践过程中出现的一系列的社会问题，如渔民转产转业问题、海洋环境问题、渔村社区衰落问题等。海洋问题是由不科学不合理的海洋实践方式导致的，是客观存在的，是对各海洋实践主体乃至整个社会发展都有影响的。

三是要明确目标取向。从宏观上讲，海洋社会工作的目标取向就是解决特定的海洋问题，实现人海和谐，促进海洋实践健康有序发展，保障国家的海洋强国建设。从微观上讲，一是为深受海洋问题影响的海洋实践主体，如渔民、船员、海军军人等，以及渔村社区提供社会工作服务，帮助这些人摆脱生存危机，融入社会，保障其基本生活；帮助渔村社区走出困境，实现可持续发展，实现社会稳定。二是为有参与海洋环境保护意愿的社会公众宣传海洋知识，帮助他们提高海洋意识，同时提供咨询指导服务，组织海洋环境保护活动，共同建设海洋生态文明。

四是要明确服务对象。无论是在传统意义上，还是在扩展意义上，海洋社会工作的服务对象都是非常明确的。在传统意义上，海洋社会工作的服务对象就是那些深受海洋问题影响的渔民、船员等，以及渔村社区。而在扩展意义上，海洋社会工作的服务对象就是社会公众。

五是要明确机构设置。社会工作机构是社会工作实务活动的载体，一个独立的社会工作实务领域，专门设置的社会工作机构是其标志之一。在渔村社区是否建有社会工作站，在海军和航运企业是否建有社会工作部门，是否存在公益性的专门致力于海洋环境保护的社会组织，是海洋社会工作是否已经成为独立的社会工作实务领域的标志之一。

六是要明确知识体系。一个独立的社会工作实务领域应该有与之对应的知识体系，这个知识体系为社会工作实务有效开展提供必要的概念和理论，从而能够解释社会问题产生的社会原因，以及为社会工作专业方法的选用提供必要的理论依据。没有相应的知识体系，社会工作实务的有效性将大打折扣。海洋社会工作的知识体系是海洋社会学。所谓海洋社会学是指运用社会学的基本概念、理论与方法对人类海洋开发实践活动及其社会根源、社会影响所进行的应用研究。[①] 海洋社会学的体系框架以海洋实践为主线，首先是海洋实践的直接表象——海洋产业，紧接着的是海洋实践的主体、海洋产业的从业者——海洋群体、海洋组织。随着海洋实践的扩展，以及海洋产业的变动，就会出现一种新的社会现象即海洋移民。海洋实践促成了海洋产业的形成以及人员流动。海洋移民的出现，就会使得海洋文化、海洋社会形成，社会问题也可能同时产生。这些问题都是海洋实践过程中的问题，被称为海洋问题。解决海洋问题、保障海洋实践健康发展就需要进行社会治理即海洋治理。[②] 由此可见，海洋社会学可以为海洋社会工作实务提供必要的知识体系。

七是要明确实务技能。社会工作实务技能是指在相应的知识体系指导下，在社会工作实务活动中运用专业社会工作方法时所使用的技术和能力，这种实务技能对完成整个社会工作实务过程并取得效果具有决定性的作用。由于海洋实践的特殊性，渔民、船员等海洋实践主体具有区别于其他群体的独特性，在开展相关社会工作实务活动时，需要运用区别于其他社会工作实务的技能，如与渔民进行交谈时就不能完全照搬与一般农民的交谈方式，与船员进行交谈时也不能完全照搬与卡车司机的交谈方式。

只有上述七个方面的要求同时满足，一个独立的社会工作实务领域才能真正成立。到目前为止，所谓的海洋社会工作离既定目标还很遥远，但如果从现在开始，海洋社会工作进入"作为议题的海洋社会工作"阶段，经过充分的探索和积累，以及在海洋社会学的支撑之下，迈入"作为领域的海洋社会工作"阶段是完全可能的。

---

① 崔凤、宋宁而、陈涛、唐国建：《海洋社会学的建构——基本概念与体系框架》，社会科学文献出版社，2014，第 15 页。

② 崔凤：《学科创新与学科自信——以中国海洋社会学的产生与发展为例》，《哈尔滨工业大学学报》（社会科学版）2020 年第 3 期。

四 结论

随着人类海洋实践的不断扩展，海洋社会工作的产生是必然的。海洋领域的社会工作议题是客观存在的，也是非常显著和多样的。从我国海洋强国建设角度来看，社会工作向海洋领域扩展是极其必要和完全可能的。无论是在传统意义上，还是在扩展意义上，海洋领域都已经出现了大量的社会工作议题，出现了一些需要社会工作服务的人群，只是到目前为止海洋领域的社会工作实务还没有真正开展起来。海洋社会工作的形成和发展要经历两个阶段："作为议题的海洋社会工作"阶段和"作为领域的海洋社会工作"阶段。"议题阶段"是海洋社会工作的初级阶段，这一阶段的主要任务是寻找海洋领域的社会工作议题并开展相关的社会工作实务，探索海洋社会工作实务模式。"领域阶段"是海洋社会工作的发展阶段、提升阶段和成熟阶段，并使其最终成为独立的社会工作实务领域的阶段。这一阶段建基于"议题阶段"的充分发展，其主要任务是总结实务经验，通过明确实务领域、所要解决的社会问题、目标取向、服务对象、机构设置、知识体系、实务技能等，形成成熟的海洋社会工作实务模式，由此使得海洋社会工作成为一个独立的社会工作实务领域。

海洋意识与海洋社会

中国海疆意识与现代国家治理体系[*]

——基于中国传统边疆观的分析

高法成[**]

摘　要：只有明确表达了主体意识的文化，才能够与其他文化进行充分的交流、对话。这说明，只有充分研究自己的文化主体，才能让文本事实具有生命力。据此，我们在研究传统边疆观时要充分认识海洋这一文化载体的主体意识，只有这样才能在国家治理体系中自然而然地纳入海洋边疆治理的文化自觉，使得海洋与陆地成为主体意识治理的共同体，进而形塑一个完整且具有文化自信的现代边疆认知。但现代边疆认知是建立在传统边疆观嬗变基础上的海洋意识，要让陆地与海洋成为共同体，就要以现代国家观念加强我国海洋意识的文化自觉，在防御体系中渗透海防与陆防互为倚仗的国家安全战略，只有这样我们的海洋开发与建设才能在文化自觉中增强我国在新时代的综合国力。因此，中国需要构建、传播现代海疆意识，将海疆治理融入现代国家治理体系之中，从物质资料、国防宣传与建设、技术装备与科学研究等方面开展满足国家治理体系和治理能力现代化与海洋命运共同体需要的文化自觉培育工作。

关键词：海疆意识　现代国家治理体系　边疆治理现代化　海洋命运共同体

---

* 本文为教育部人文社会科学研究一般项目"海洋生态保护政策下的南海渔民可持续生计研究"（项目编号：21YJA840006）和2021年度广东省普通高校特色创新类项目"海洋生态保护和伏季休渔双重作用下的广东渔民可持续生计研究"（项目编号：2021WTSCX037）的成果。
** 高法成，男，山东聊城人，广东海洋大学副教授，博士，研究方向为应用社会学。

导言

党的十八大报告提出，我国在生态建设上，要提高海洋资源开发能力，发展海洋经济，保护海洋生态环境，坚决维护国家海洋权益，建设海洋强国。中国的改革开放在一开始就瞄准了海洋，以沿海带动内陆的开放模式，强化海疆的聚集效应，建立符合我们文化认知及国际合作竞争需求的新体制，形成以沿海区域发展撬动中国经济发展的新势力。经历列强欺压的中国意识到，要复兴要强国，必须在经济发展的基础之上，建立一个科技领先、军事有震慑力的国家，而建设海洋强国是其中的重点。但目前我们进行的建设在根本上忽视了人的自觉行为的意识作用，这导致我们不能有效地在海洋边疆领域与世界进行平等对话，比如在我们对 960 万平方公里国土面积的认知中将海洋面积排除在外，其他有关海洋疆域的数字，更难以引起国人自觉的文化反应：我们拥有位居世界第四的 1.8 万公里大陆海岸线，位居世界前五的大陆架面积，位居世界前十的 200 海里专属经济区。960 万平方公里土地与 300 万平方公里海域的认知并未自觉地进入人们的主体意识中。这从历史上国人的边疆观中就可见端倪，农耕文明是延续几千年的人们的生存基础，"乡土中国""问鼎中原"的思想影响至深。回顾党的十六大的"实施海洋开发"、十七大的"发展海洋经济"、十八大的"建设海洋强国"，党中央准确意识到了强国建设中的短板问题，准确把握了时代发展趋势，要求我们唤醒自己的海洋意识，这是我们建设现代海疆的新起点。我国国家治理体系形成了城市与农村、中心与边疆两大治理范式，在历史上就是以中心、城市为主，不重视边疆、农村。新中国的边疆治理重在陆疆，海疆次之，这与国力有关。在新时代的兴边富民中，我们如何摆正海、陆的位置，在海洋命运共同体的理念下实现海疆治理能力的现代化，是我们必须思考的时代命题。同时，也需要从基础做起，重新梳理我们对国家治理的先验认识，更新以陆地为本的边疆观，引导人们认识海洋、重视海洋、亲近海洋，激发人们热爱、探索、开发与保护海洋的热情，形成海陆并举的人类命运共同体的文化自觉。

一 国家治理体系中的边疆与海疆

自改革开放以来，我们在加强沿海输入内陆的经济发展的同时，也一直在思考如何利用海洋。特别是 21 世纪以来，以开发利用海洋、保护海洋生态为核心的海洋强国建设日趋成熟，无论是科技开发还是守海识疆的步伐都不断加快。然而，这几十年的发展建设并没有让我们对海洋产生强烈的文化自觉，我们的海洋意识还处于文字之间。以海岸带的管理立法为例，经济发展让我们认识到海岸带的重要作用，从过度开发到优先保护，我们的海岸带成为今天重要的经济生活区，但也是最脆弱的生态保护区。自 20 世纪 80 年代起我们拥有了 10 部涉海法典，但有关海岸带管理的法律至今未能出台。无论是在立法的形式方面，还是在实际利用开发的形式方面，我们对自己海域和疆域的认识都缺乏现代化观念的支持，其根源在于我们的海洋意识还没有完全进入内化的认知中，难以形成海洋文化自觉。

党的十八大以来，以习近平同志为核心的党中央提出了"国家治理体系和治理能力现代化"的重大命题，并明确全面深化改革的总目标是完善和发展中国特色社会主义制度、推进国家治理体系和治理能力现代化，部署了推进国家治理体系和治理能力现代化的目标任务，规划了推进国家治理体系和治理能力现代化的时间表和路线图。国家治理体系是一系列国家治理制度的集成和总和[①]，我们的国家治理体系建设是在中国共产党的领导下，由政府主导的对社会各个层面的体制机制建设。

边疆治理是国家治理的重要组成部分，有效的边疆治理是国家强盛的重要支撑，国家强盛则是实现边疆安全、稳定与发展的基本保障[②]，边疆治理的现代化是推进国家治理体系和治理能力现代化的一个不可或缺的环节[③]。现代的边疆由陆地、海洋、空中、太空、利益、战略等多种形式组

---

① 田芝健：《国家治理体系和治理能力现代化的价值及其实现》，《毛泽东邓小平理论研究》2014 年第 1 期。

② 丁忠毅：《十八大以来习近平关于边疆治理的重要论述研究》，《社会主义研究》2019 年第 1 期。

③ 张景平：《边疆治理现代化：观念与实践》，《云南社会科学》2021 年第 3 期。

成，呈现由单一性质、单一形态向多种性质、多种形态演变的趋势①。从本质上看，边疆治理是一个运用国家权力并动员社会力量解决边疆问题的过程②，今天走向全面复兴的中国，不但要坚决捍卫国家的领土完整，更要深入研究边疆的现状、问题与趋势。但"海洋边疆虽屡屡被提及，却未被与陆地边疆联系成一个整体，空中边疆则较多地是从主权的军事防卫角度认定，利益边疆、战略边疆等还多停留于学术讨论的层面"③，对中国海疆问题的研究，"不仅为我们科学认知中国海疆奠定坚实基础，而且使中国疆域史的理论研究更加完整、全面和系统，如此我们才能更准确地把握中国统一多民族国家演进的规律"④。

研究表明，在我国社会经济体系研究中，海洋经济研究已经成为重要环节之一，海疆史研究的势头强劲；不断产生的海洋领土争端，使得领土主权、海上安全、海上划界等问题成为海疆史理论研究必然要涉及的问题。"中国海疆史研究的范围至少包括三个方面：我国拥有主权的海域；我国拥有主权或管辖权的岛屿；沿我主权海域的陆地部分，即海岸线部分"，从中不难看出，我们的研究还是盯着"土"，未能将海洋意识与领土主权的研究结合起来，"有清一代清人的海疆观念与今人是有很大区别的。虽然领海制度在十八世纪初已在西方世界形成，但其时中国朝野的海权意识仍十分淡漠。与明朝相比，清王朝的海防范围虽多有扩大，但统治集团和士大夫阶层的海疆观念，却没有太大的改变，当时海疆所指仍主要是东南的海防区域，即东南沿海的府县，包括海口、沿海半岛和大小岛屿等，其海洋国土的领海观念，直到清朝末年也没有形成"⑤。

多有学者从历史地理的角度研究我国陆海的重要地位及治理次序，"二者占主导地位的影响来自陆地还是海洋？这取决于中国陆海地理态势的特殊性"。由地理知识出发，多数研究认为西方是典型的海洋文明发祥地，因为地中海国家多山少雨，适于农业社会发展的土地少且分散，而其

① 周平：《国家崛起与边疆治理》，《广西民族大学学报》（哲学社会科学版）2017 年第 3 期。
② 周平：《中国边疆观的挑战与创新》，《云南师范大学学报》（哲学社会科学版）2014 年第 2 期。
③ 周平：《中国的崛起与边疆架构创新》，《云南师范大学学报》（哲学社会科学版）2013 年第 2 期。
④ 李国强：《海岛与中国海疆史的研究》，《云南师范大学学报》（哲学社会科学版）2010 年第 3 期。
⑤ 何瑜：《清代海疆政策的思想探源》，《清史研究》1998 年第 2 期。

入海天然良港却比比皆是，有利于出海航行。历史上中国的领土主要位于环山而拥的平原区域，与较长的海岸线形成了一个半封闭的海域，沿海岛屿较少，且距离较远，形成了一个天然屏障。"加上西部大漠险峰的天然呵护，构成了中华民族得天独厚的陆上生存空间：源远流长的黄河、长江水量充足，大河冲积平原地沃田肥，湿润的气候，丰沛的雨量。这种第一类富源绝对优越于第二类富源的地理特征，决定了中国古代海洋文明终究要从属于陆地文明的地位。"[①] 客观的地理环境自然约束着生产力不发达的人类，中国人利用自然的馈赠与自己的智慧，创造性地改变了西方世界所实现不了的自给自足的自然经济，发展出了小亚细亚生产方式，这让这片土地上的统治者有足够的傲气拒绝接受西方存在的事实，所以黑格尔才会对亚洲腹地有这样的认识："闭关自守，并没有分享海洋所赋予的文明"[②]。于是封建王朝"奉行内向型的海洋经济观，以及封闭型的海洋政治观并辅之防御型的海洋军事观"，即使在自然崇拜中有了对应四御的四海，但王朝统治确立的海神却不在海上，而是在陆地上。这种消极的海权意识突出表现为明清与西方外夷接触中所形成的边疆治理观。明朝举国之力进行的郑和七次航海，清朝海疆东达库页岛、海参崴，南到南沙群岛，均表现了国家对边疆领土控制的强烈决心，外夷只要对领土有所染指，必以严厉回击。但这却未能扭转国家海疆观念，一旦与外夷有边疆政策上的冲突，迁民、海禁成了封建王朝应对"天下"动荡的唯一手段，背倚高山、远离大海的中原仍然是国家治理的重点。但王朝的老百姓却没有放弃自己的领土，征服海洋的渔民时刻记录着这片疆域与陆地的关系。前人用渔权的事实证明了中国的海权，今天我们应该用海权来保卫渔权，保卫渔民世代守护的蓝色国土。

二 我国的传统边疆观与海洋、渔民

领土主权是一个国家治理体系的基础，统治权是领土主权最直接的表现，表现为军队的驻扎、法律的颁布、行政的管理、居民的生活，以及现

---

① 张炜：《中国海疆史研究几个基本问题之我见》，《中国边疆史地研究》2001 年第 2 期。
② 黑格尔：《历史哲学》，王造时译，商务印书馆，1963，第 146 页。

代化的行政地理图示，宣示某一群体可以主张的领土所有。人类历史的斗争表明，统治权是群体主权的最集中表现，是强烈的土地占有的表现，形成了国家治理的权力意识。我国的领土主权在历史中形成了从中心而御四极的序列认识，形成了疆域与边疆的统治安排：强盛时更多地去统治边疆，而弱小时极力占据中心，因而历代王朝的统治者对海洋的领土治理表现得并不积极。《尚书·禹贡》以九州来划定夏朝的疆域，在统治上有学者分析认为仅冀州、豫州等为夏之中心，其他各州是夏之盟国①，此时的豫州居于九州之中，又被称为中州，而九州边缘则不可言说。到春秋战国则疆域与无法言说的边缘演化为"天下"，所谓"普天之下莫非王土"，领土的主权集中表现为对中心的占有而自然辐射到四周，这成为我国历史上国家治理的思想与实践核心。中原与四夷、中原与四边，以及后来的中国与四裔，在"天下"的领土主权中海疆自然成为国家最后考虑的地方，因而对它的认识相对中心而言简单且易被忽略。

秦代的统一使得"天下"得到了人们基于中原地理、文化混同的认可，而秦失其势，天下逐之，此时的国家治理表现为中原与北边、西边、南边互为倚重。秦汉时期，中原代表着治理的中心，而北边代表了治理的边缘，一旦北边的势力进入中原，就会引起王朝的混乱。无论是哪一少数民族在北边与西边崛起，都是对中原统治的威胁，盖因此边确为"天下"所有，绝不可任由其势力不受中原控制而强大起来。随着边缘势力的不断发展，西边逐渐与北边合为"西北"，成为治理的末位。此时的南边，不时受着王朝更迭中不同君主的重视，秦征南越，汉讨交趾，俱是国力强盛时的一种外服四夷的手段，宣示天下之统治，并未真正地具有现代边疆统治的意义。总而言之，秦之四边、汉之五方成为秦汉的地理方位知识与边疆民族理念②，无论如何，封建王朝对南边领土的治理之情表现得并不强烈。

唐宋元开启了中国历史上的疆域与边疆的复杂治理，使得以中原为核心的治理体系在四边开始了不断的主权宣示，并不断地深入海洋以了解四夷而加威宇内。唐代尽管其边疆治理重心仍在西边、北边，但对海洋领土的认识不断加深，并有进行持续的开发，建设港口，开展海外贸易，同时

---

① 李民：《〈禹贡〉与夏史》，《史学月刊》1980 年第 2 期。

② 王子今：《秦汉边政的方位形势："北边""南边""西边""西北边"》，《中央民族大学学报》（哲学社会科学版）2021 年第 3 期。

也对不臣服于统治的海外夷民进行宣战。宋代更因统治地的南迁，形成了"南洋"的地理概念化与民族意识化，开拓了边民研究的海洋领域。元代虽战火纷纷，但依然保持了海洋贸易与对领土的宣示，尤其是把南边海域的领土明确为藩属之国，对东边日本和南边安南进行统治，更加明确地表明当时的领土治理已经表现出了海洋的边疆意识。"对唐宋帝国来说，海南岛是比闽地更为荒远的边疆，是有罪官员的贬谪"[①] 之地，这尤其说明，我国历史上对海疆领土的主权是通过政治行动实现的，并没有去强化意识反应，自然达不到文化自觉的程度。

明清时期是近代中国形成现代海洋观的肇始。"海洋文化传统只能作为沿海地区的特有现象而加以延续和保留"，相对于中原农业文明仍然继续"从属于边缘从属的地位"[②]，这同样反映在领土治理的边疆认知中，先陆而后海。无论如何，"960 万"的疆域与边疆治理体系中的海洋与陆地在历史的传统中，因为并不是土壤的直接外露，且受科技的限制，难见其边际，我国王朝的治理体系中没有明确与海洋相关联的制度。这成了我们"习惯"的传统，海洋只在有事了才会与我们产生联系。现代许多的调查显示我们的边疆认知以陆地的"960 万"为主，边疆观一直囿于传统的陆地治理体系，导致国民海洋意识未能跟上世界的发展与变化。我们亟待从国家治理的认知中开展海洋命运共同体的海疆意识培育工作，要认识到作为海疆主体之一的渔民的存在。

无论历史上的治理在领土主权上如何安排涉海的南边，都会涉及领土上的华夏民族多元状况，而疍民就是我国海洋领土上的人，是历史上我国海洋上的居民。今天的疍家人，也被称为疍民，又被称为水上人家、水上居民，多指在广东、福建、广西沿海港湾和内河上从事水上作业的居民。他们以海（河）为土，以舟为家，以渔为业，长年生活在海（河）上。对于疍民的族源，我国学者提供了四种选择——越族、僚僮、蒙古族、瑶族，而在民国的《兴宁县志》中记载了疍民在先秦时就已存在。疍民源于我国古代先民，诸多早期文献以及今人的研究都证明了这一点，最早见于《国语》，称其为水人。又比如称其为"游艇子""白水郎""白水仙""白水

---

① 程章灿：《唐宋帝国的东南边疆——读美国汉学家薛爱华的〈闽国〉和〈珠崖〉》，载薛爱华著《珠崖——12 世纪之前的海南岛》，程章灿、陈灿彬译，九州出版社，2020。
② 黄顺力：《海洋迷思：中国海洋观的传统与变迁》，江西高校出版社，1999，第 55～56 页。

人"，散见于《北史》和《三山志》，而"疍"与"蜒""疍""蛋"等字通假，这种指代最早见于隋代，南宋以来被普遍用来称呼疍民①。今天的疍民在国家的帮助下，改变了海上漂流的生活方式，上岸定居，但仍有相当部分的疍民坚守在船上，广布于南海区域，充分显示着我国领土的广阔与民族多样性的特征。

"更路簿"，即"南海航道更路经"，在 2011 年成为我国非物质文化遗产，尽管它被现代人发现于 20 世纪 70 年代，但它的产生至少与明朝郑和下西洋是分不开的，甚至更早。它是由我国南海渔民积累了近千年的经验而形成的南海各条航路的渔业生产路线，也是他们对自己"脚下"领土主权的一种宣示。我国海域中的岛礁远离大陆，渔民为了生计，在国家治理不到位的状况下，只能依靠有限的生产力与自然搏击，并世代相传。可苦于难以得到系统的教育，远离陆地的生活使得渔民少有整块的悠闲时间用于识文断字，因此最早的航行路线是靠口传心记，以"更路传"的名头散布于渔民之间。即使有了识字的渔民可以将这些路线记录下来，但没有专业知识，也难以形成规范的地理系统记录为渔民所世代保留，因此以渔民自己的方式手抄于纸上，就逐渐形成了"更路簿"流传于世间。即使是这样，渔民以世代经验记录的"更路簿""地名方位准确，甚至渔政、渔监、军队都以此为出行参照。因为熟悉南海的航线，也使他们自古至今都扮演指路、带航的角色"，"'渔界所至，海权所在也'，世代海南渔民所践行的，也正是百年前中国人提出的'渔权即海权'的思想"②。

三　现代国家治理体系中的海疆意识与培育

深圳曾经是一个小渔村，改革开放后，它成为中国人奔向小康的起点。到了今天我们仍然没有给予渔村应有的重视，也没有强烈的海洋意识，这深刻表现为我国国防教育内容中涉及海疆的不多、不深，未能从意识教育上充分体现海陆一体的边疆教育。一个国家是由领土、人民与主权构成的，我们生活在蓝色国土之上却没意识到某种主权的表达方式，只是将领土范

① 刘传标：《闽江流域疍民的文化习俗形态》，《福建论坛》（经济社会版）2003 年第 9 期。
② 刘莉：《渔权与海权——海南岛沿海渔民的历史考察与现实意义》，《中山大学学报》（社会科学版）2014 年第 3 期。

围认定为陆地的"960 万"，这既是历史上的传统作祟，也是现实中的意识性固执：领土以"土"为核心，而非土的都可以忽略。在西方列强坚船利炮的侵略与威胁之下，中国以"天下"为核心的王朝封建统治体系彻底瓦解，只能被迫接受民族国家体系（所谓的"威斯特伐利亚体系"），代表此时中国领土主权的北洋政府与民国政府，尽管了解西方国家的样子，却不知其真正的"里子"，依葫芦画瓢得到的结果是被列强瓜分，丧失各种主权。觉醒的知识分子、工人知道了西方所谓民族国家的要素——领土、疆域以及建立于其上的主权，中国人的反抗一如既往地首先表现为对领土主权完整的捍卫，人们也在某程度上意识到了蓝色国土的重要性。得到人民拥护的新民主主义革命在中国共产党领导下取得了胜利，最终成立了新中国。这个新的国家政权是在人民民主专政的框架下，接受并改造现代民族国家观念，打造符合中国特色社会主义国家要求的国家观念，打破天下与四夷的独尊意识，建立互相尊重主权与领土完整、互不侵犯、互不干涉内政、平等互惠和和平共处的国际关系准则，在尊重历史、寻求发展的框架下对国家治理体系进行全面调整。

200 海里专属经济区在 1982 年通过的《联合国海洋法公约》（以下简称《公约》）中被提出，后成为国家间处理海洋关系的准则之一。我们承认《公约》所具有的国际法效力，但《公约》中的具体条款所表现出来的与事实相悖的问题越来越影响我们处理与邻国的关系。同时，它也引起了国人对蓝色国土的重新审视，人们的海洋国土观有了新时代的基础。那么，如何将海洋边疆置于国家治理体系中，又如何在边疆治理中体现出海疆的共同体地位，这已经成为我们不能不深入思考的问题。"金砖四国"从海洋的角度定义了新的地缘政治情景，一方面是传统海权的"金砖四国"版本，另一方面是可能在全球范围内产生影响的海事政策变化，（这些变化）甚至威胁到欧盟综合海洋政策，迫使其改变原有的做法。

新冠肺炎疫情给航运与港口贸易带来了前所未有的挑战，国际间的海洋治理交流与互动不得不暂时中断。为此，中国需要在海洋命运共同体的框架下构建开放包容、和平安宁、合作共赢、人海和谐的海疆意识，积极参与到全球海洋治理中，构筑中国海洋治理体系。全面推进边疆经济治理现代化"推动力"建设、政治治理现代化"支撑力"建设、文化治理现代化"内驱力"建设、社会治理现代化"内聚力"建设和生态治理现代化

"绿色力"建设①，实现海疆治理成为国家治理体系的重要一环。

只有明确表达了主体意识的文化，才能够与其他文化进行充分的交流、对话。这说明，只有充分研究自己的文化主体，才能让文本事实具有生命力。由此，我们需要改变传统边疆观，以现代化、全球化的视角重新认识海洋。如同陆地上的农民一样，在海洋中拼搏的渔民是中国海疆意识文化自觉的主体。因此，我们需要在建设海洋强国的国防体系中纳入国家治理的文化自觉，给予海疆治理同等的发展地位，如此才能形成一个完整且具有传承力的国家治理体系的现代认知，我们的海洋开发与建设才能在文化自觉中增强我国在新时代的综合国力。韩国学者 Dong Oh Cho 提炼出海洋治理的四个基本要素——海洋政策整合、制度整合、支持者（选民）、协作，随着这四个要素的加强，韩国海洋政策将发挥越来越重要的作用。目前在海陆之间仍有很大的障碍阻碍海洋政策发挥作用，大多数与海洋有关的政府机构认为海洋政策应是以地理为导向，而不是以问题为导向，但从长远来看，这些阻碍将会以真正的生态系统为基础的海洋政策扫清②。

我们要将海洋发展作为 21 世纪的软实力战略，要清醒地认识到其他国家海洋治理的成败得失，传播现代海疆意识，将海疆治理有机地结合在国家治理体系之中，将海洋意识深嵌在海洋命运共同体的文化自觉中，从物质资料、国防宣传与建设、技术装备与科学研究方面入手，开展全方位的符合现代国家海陆一体——将海置于陆地之前——的边疆治理观念与国家治理体系和治理能力现代化的培育工作。在国家治理体系中，要从以下七个方面整合制度与政策，以确保海洋相关战略得以顺利实施。

1. 人——渔民与海洋社会。渔民是海疆意识的主体，海洋社会是海疆意识的载体。人类的生存主要依靠土地，因而海洋被忽视是可以理解的。但我们不能忽视靠海而生的人类群体，因为他们的存在让我们意识到"海洋属于我们"。事实上，这个群体与陆地上的群体一样，有着各类职业，也有着各种生活联系，他们包括渔民、船员、海商、平台工人、海钓者、海上旅游者、各类海上警察，甚至海盗、违捕者，也有沿海流动的疍民。这个群体远比陆地居民的数量少得多，即使有登陆生活的时候也常会被他人

① 吕文利：《新时代中国边疆治理体系与治理能力现代化：意蕴、内涵与路径》，《云南社会科学》2021 年第 1 期。

② Dong Oh Cho, "Evaluation of the Ocean Governance System in Korea", *Marine Policy*, 2005, (30).

忽视，但他们却不停传播着海洋文化。我们至今未形成海洋社会的完整概念，对渔民的社会保障、渔村的治理不够，对海洋社会历史的挖掘也不够。因此，应加大渔民渔业政策的实施力度，收集渔民的建议或反馈的问题，使政策更加惠民，最大限度地保障渔民的利益。加大教育设施的建设力度，加强职业培训，增强渔民就业技能，提高渔民的科学水平和文化素养；推动渔业深入发展，延长渔业产业链，形成渔业深加工增值链条，在保护海洋的基础上促进渔民增产增收。

2. 物——"造大船、闯深海、捕大鱼"：中国海疆意识的物质基础。所谓"工欲善其事，必先利其器"，我们使用技术与工具的能力已今非昔比，我们有自己的卫星定位系统、自己的航母，领先世界的造船业具有全产业链、全工业体系，从远洋捕鱼船到30万吨的LNG船，基本覆盖所有大型船舶。从雪龙2号破冰船到重型自航绞吸船，从具备载人深潜技术的"蛟龙"号到"海翼""海龙"等系列无人潜水器，中国正不断向海洋最深处进军。而在海运、港口贸易中，我国的港口吞吐量排名世界第一，即使受到疫情的严重影响，我国的海运贸易依然逆势上扬，坚强地守护着全球海运供应链。我国是世界海产品进出口贸易的重要极，是美国的第二大海产品供应国，仅次于加拿大。同时美国也是中国海产品进口的重要贸易伙伴。只有了解物质生产，深刻理解物质交换的本质，我们才能真正地重视海疆，才能不负习近平总书记的嘱托：造大船、闯深海、捕大鱼！

3. 管理——海洋和陆地的协调：中国海疆意识的延伸。针对海洋事务，应从培养综合管理意识开始，要在国家战略层面培养综合管理意识，也要在地方事务管理之中有相应的综合管理意识。在海洋生态管理上，要以整体利益和可持续发展为目标，在保护生态系统的同时也可以产生经济和社会效益。完善我国海洋法律体系，需要推进我国海洋基本法的编制工作，在海疆治理的具体实践中制定相应法规以填补空白和增强法律的操作性，将陆地治理的成果延伸到海疆治理中，进而在支持海洋专业技术的发展和进行人才培养的同时，培养培训海洋综合管理人才。加强海洋管理体制建设，在协调各机构常规运行的同时，调动人的积极性，以高度的海疆意识，将行政管理与边疆治理结合起来，给予海疆治理应有的重视。

4. 宣传——社会共识与舆论环境：中国海疆意识的通路。我们的海疆治理同步进入现代化治理的新时代，不仅需要依靠制度条文，更重要的是需要通过深入人心的宣传，打破以陆地思维认识海洋的传统边疆观的束缚。尽管我们还没有足够深入地了解我们这片蓝色国土，但我们形成的与地中海不同的特色海洋文化，却产生了充足的动力驱使我们去发展我们的海洋事业。作为新时代海洋强国建设的坚定拥护者和积极实践者，我们必须保护、传承、弘扬我们特色鲜明的海洋文化，切实开展海洋意识的宣传培育工作，加强海洋文化资源的保护与利用，从而为海疆治理能力现代化建设提供良好的舆论环境。

5. 国防——"治国必治边"与兴海富民：中国海疆意识的血脉。我国国防事业与边疆防御战略息息相关，而边疆防御战略又以海、陆、空为三极。习近平总书记提出的"治国必治边"的战略论断，让我们认识到了边疆治理对国家安定的拱卫，以及国家治理对边疆稳定的保障。300 万平方公里的蓝色国土必然成为国防建设的重中之重，既是国防事业的短板，也是国防事业的突破口。边疆的稳定与发展，必然为边疆人民带来祥和、富足，这样的人民必然成为国防事业的中坚力量。那守护蓝色国土的人民也自然希望实现祥和、富足，他们将坚定自己的海疆意识，为保证国家领土完整、人民生活幸福，确保国家自由行使主权、生存权和发展权而贡献自己的力量。

6. 科技——行动基础和思想动力：中国海疆意识的助推剂。今天的海疆治理与防御，必然要建立在科技武装之上，这是海疆意识增强的助推剂，是蓝色经济发展的中流砥柱。但我们必须认识到，我国在海洋科技领域远远落后于发达国家，海洋装备和技术体系的核心长期被国外垄断，前沿技术既需要我们苦苦钻研、有所了解，更需要国家有战略性的长期投入，同时现有的海洋科技成果转化还不足以赶上科技研究的步伐，反而打击了科技进步的信心。拥有 1.8 万多公里海岸线的沿海经济带并没有充分利用海洋科技，粗放式的渔业捕捞制约了海洋科技的推广和实践。"知不足，然后能自反也"，转换思维，舍小家为大家，用科技武装自己，用科技实现海洋生态保护，造就可持续的海洋牧场，就是海疆意识反作用于蓝色国土的最佳成果。

7. 文化自觉——打造海洋命运共同体：中国海疆意识的终极目标。所谓文化自觉，就是内在自我的主动呈现，这让我们知道自己为什么这样生活，这样生活的意义何在，如此生活会为我们带来怎样的结果；也让我们知道在与他文化交流的时候，我们能够自然地阐述我们自己文化的来源与发展，以及温良的中国人会给世界带来什么。中国今天的一切成绩，本质上就是优秀文化的成果。在自然灾害频发、局部冲突加剧、国际海洋秩序出现重构的势头下，我国要加强海疆治理，突出我国在海洋竞争中的优势地位，有利维护中国海洋事业的可持续发展。习近平总书记提出的"海洋命运共同体"这一重要理念，充分体现了我们维护国家领土完整和保护海洋权益的坚定意志和发展诉求。

四　结语

随着生产力的发展，人类对资源的获取逐渐从陆地转向海洋，"劳动资料的自然富源，如奔腾的瀑布、可以航行的河流、森林、金属、煤炭等"[1]，对我们进入发展的更高阶段具有决定性意义。而与之相伴随的利益博弈就使得各国对海洋边界、海疆治理高度重视。自古至今，边疆问题都是我国国家治理的重大问题。在边疆治理问题上，历代王朝通过不同方式去维护边疆稳定、确保国泰民安。但当时的边疆治理在一定程度上特指陆疆治理，对海疆问题的处理简单而粗糙。尽管海疆治理在明清时期有了一定程度的发展，人们对海洋主权有了一定的认识，但封建统治者的短视及历史的局限性，没能让中国的海疆治理迎上世界大航海的时代潮流，此后经历了鸦片战争、甲午中日战争等重大打击，清王朝对海疆治理仍未有足够的重视。到了民国时期，因为西方列强的压迫，我们才有了关于维护海洋边疆的系列政策、口号，但那不是我们自发、自觉的行动，导致我们丧失了大量的海洋权益。党的十八大以来，中国对海疆的重视程度迅速提升。有史以来，无论社会发生什么样的变化，我国渔民从未放弃过这片海洋，"这张由渔民编制而成并以时间和空间为轴的海洋网络里，包含着生产、贸易、宗教、亲属、族群等众多结构性要素，这些结构性要素以不同形式相互交织，形成许多节点"[2]，这些节点就是渔民在海洋社会里向世人宣示我国领土完整、国家统一的主权例证，他们让我们知道了中国海洋所在、所属、所归，让

---

① 马克思：《资本论》（第一卷），人民出版社，1975，第 560 页。

② 王利兵：《作为网络的南海——南海渔民跨海流动的历史考察》，《云南师范大学学报》（哲学社会科学版）2018 年第 4 期。

我们世代传承这样的海洋文化，自然而然地向世人宣告我们这样的国家状态、这样的生活状况、这样的历史由来，这就是我们海疆意识之所在，是我们海洋命运共同体的文化自觉。如今，我们应在我们的海疆意识中加入新时代的因素，将其列为海疆治理的首要一环。以文化自觉、海洋命运共同体为根本的海疆意识，必然有利于推进国家治理体系和治理能力现代化的步伐。

海洋社会的崛起：20 世纪中国航海技术对海洋社会需求的回应

周　益*

摘　要： 在理论上明晰"海洋社会"的内涵对于实现海洋强国战略目标具有重要的意义，但当前社会学界对海洋社会的讨论缺失了"科学技术"的维度。本文在海洋强国战略的视域下审视了海洋社会这一概念，运用马克思和默顿的社会学理论分析了 20 世纪中国海洋社会的发展历程。研究显示，作为一种"社会建制"，航海技术对海洋社会的崛起起到了十分关键的作用，而 20 世纪中国航海技术的"民族主义功利"与"经济和技术功利"在中国海洋社会从"传统"走向"现代"的崛起之路中起到了重要的基础性作用。这些经验对当前通过建设海洋强国来实现中华民族伟大复兴的中国梦具有重要的借鉴意义。

关键词： 海洋强国　海洋社会　航海技术　社会需求

一　海洋社会与航海技术

（一）海洋强国战略视域下的海洋社会

党的十八大报告提出，要"提高海洋资源开发能力，发展海洋经济，保护海洋生态环境，坚决维护国家海洋权益，建设海洋强国"，自此"海洋强国"成为我国海洋开发的重要战略决策。2013 年 7 月 30 日，习近平总书记在十八届中央政治局第八次集体学习时再次强调"建设海洋强国是中国

---

* 周益，哈尔滨工程大学人文社会科学学院 2020 级社会学硕士研究生，主要研究方向为环境社会学。

特色社会主义事业的重要组成部分"。在建设海洋强国的过程中，对海洋社会的认知与建设是极其重要的一环。

首先，海洋社会是中国整体社会中不可或缺的一部分，有着极其深刻的结构性与系统性。1996 年，杨国桢教授在其《中国需要自己的海洋社会经济史》中给出了海洋社会的定义，即"指向海洋的社会组织、行为制度、思想意识、生活方式的组合，即与海洋经济互动的社会和文化组合"①。21世纪之初，杨国桢教授概括了海洋社会的概念内涵，认为海洋社会是"指在直接或间接的各种海洋活动中，人与海洋之间、人与人之间形成的各种关系的组合，包括海洋社会群体、海洋区域社会、海洋国家等不同层次的社会组织及其结构系统"②。因此，中国要兼顾陆海建设、发展海洋强国就必须认识到海洋社会的结构性与系统性。

其次，海洋社会的发展脉络与整体社会的发展脉络相一致，是社会变迁的一部分。比如庞玉珍教授就从时间的角度指出海洋社会是一个历史范畴，其存在"一个从小到大、从弱到强的发展历程"，"海洋社会的真正崛起是到了近代之后，尤其到了当今时代，海洋社会才真正成为人类社会的重要组成部分。因此，真正意义上的海洋社会是现代社会的产物"③。这种基于历史层面的论述将海洋社会的这一概念与整体社会的变迁结合了起来，使得用宏观的社会发展解释海洋社会的整体变化成为可能。因此，要推进海洋强国战略就必须将海洋社会的发展与整体社会的变迁相结合。

最后，海洋社会也是某一历史时期一部分社会关系的总和，体现着共时态下的社会互动关系。比如，宁波教授就认为"海洋社会所依托的共同地域仍是附属于陆地的海岸带或岛屿，且其社会关系与互动关系也依赖于在陆地上形成的风俗习惯或法律条文"，而"海洋社会学是社会学就人们关于海洋的社会关系所形成的理论建构，是社会学在人类海洋实践领域具体应用的产物。因此，海洋社会学是研究人类基于海洋所形成的各种互动关

---

① 杨国桢：《中国需要自己的海洋社会经济史》，《中国社会经济史研究》1996 年第 2 期。

② 杨国桢：《论海洋人文社会科学的概念磨合》，《厦门大学学报》（哲学社会科学版）2000年第 1 期。

③ 庞玉珍：《海洋社会学：海洋问题的社会学阐释》，《中国海洋大学学报》（社会科学版）2004 年第 6 期。

系的学问"①。这一观点打破了以往研究中海洋社会的地域局限，重新回到社会互动的层面来看待海洋社会学这一分支学科。因此，人类社会因面向海洋而形成的社会互动与社会关系都可以被视作海洋社会学的研究重点，而新时代的社会互动与社会关系也是构建中国当代海洋社会的基础。

综上所述，笔者认为海洋社会是整体社会中的一个特殊部分。海洋社会和传统意义上的社会相比有着不同的特征，但其历史进程又与整体的社会关系的变化紧密相关。海洋社会中的人类活动是面向海洋、能够促进海洋开发的，且这种人类活动是整个社会互动中的一部分。因此，对海洋社会的解释不能局限于海洋社会本身，而应该从社会整体发展的角度来看待，包括历时态下的社会变迁与共时态下的社会互动。

（二）航海技术与海洋社会的关系

2018 年 6 月 12 日，习近平总书记在青岛海洋科学与技术试点国家实验室考察时强调，"发展海洋经济、海洋科研是推动我们强国战略很重要的一个方面，一定要抓好"，"建设海洋强国，必须进一步关心海洋、认识海洋、经略海洋，加快海洋科技创新步伐"，因此，发展海洋科技是建设海洋强国的重要一环。但受传统社会学的影响，目前学界对海洋社会学的探讨缺乏对包括造船、导航等内容在内的航海技术的"注意力"。学者们更关注海洋文化、海洋环境、渔业群体等领域，而忽视人类社会在进行海洋开发过程中最重要的工具性载体——航海技术。

在马克思看来，社会互动与社会关系的形成与发展离不开工具性载体。马克思论述了社会关系形成的三个阶段，并突出了工具在其中所起到的作用②。第一个阶段，一切历史活动的前提，即生存与生活。"因此第一个历史活动就是生产满足这些需要的资料，即生产物质生活本身，而且，这是人们从几千年前直到今天单是为了维持生活就必须每日每时从事的历史活动。"在这一过程中，人类创造了生存与生活所需的"工具"。而在满足基本的生存需要后，第二个阶段即"已经得到满足的第一个需要本身、满足需要的活动和已经获得的为满足需要而用的工具又引起新的需要"。这种因

① 宁波：《关于海洋社会与海洋社会学概念的讨论》，《中国海洋大学学报》（社会科学版）2008 年第 4 期。
② 《马克思恩格斯文集》，人民出版社，2009，第 531 页。

工具而引起的"新的需要"会不断促进人类活动范围的扩大，由此进入第三个阶段，即社会关系的发展与变革。

作为人类海洋开发重要一环的航海技术正是这种"工具"。在人类面向海洋开展一系列生产生活活动时，航海技术逐渐完成了"从无到有"的转变，回应了人类活动的社会需求。而这些技术的出现与发展又持续刺激了这一需求，反过来再次促进航海技术的进步，实现了"从有到优"的发展过程。在上述两个过程中，新的社会关系也逐渐形成与变革，最终促成了海洋社会的形成与发展。这一历程与海洋社会"从小到大、从弱到强"的发展过程是相吻合的，而围绕航海技术进步与人类海洋活动而产生的社会关系也不仅仅局限于海洋社会内部，而是延伸到了整个社会的生产过程与历史演变当中。

除了马克思的历时态分析外，默顿的科学社会学理论从共时态角度为我们提供了一个思考航海技术与海洋社会形成的理论视角，这一视角为我们揭示了整体社会、海洋社会与航海技术三者在特定历史时期下的关系。首先要明确的一点是，海洋社会作为整体社会的一个组成部分，它的发展必然符合整体社会的发展脉络，而"科学发现的出现存在'一种固定的顺序'，包括科学的内在性质与社会原因"[1]。因此，在某一历史时期，社会层面的诸多因素会形成合力要求科学技术做出相应的改变。例如明清时期的海禁政策，其"片板不许下海"的要求，导致中国航海技术在明成祖之后迅速进入衰落阶段，而这种科学技术的退化导致中国海洋社会扩张的受阻以及中国海洋开发能力的弱化。

另外，"随着科学的成长，资源也必须增长以使科学能够持续发展"[2]。海洋社会的发展与扩张需要依赖航海技术的进步，而航海技术的进步也需要整体社会的不断投入作为基础，三者已经形成了相互依赖、相互促进的关系。因此，航海技术的发展已经不仅仅作为一种单方面的科技因素对海洋社会起作用，还作为一种"社会建制"来回应海洋社会的发展需求。

综上所述，航海技术作为一种"社会建制"，其背后透射出的是整体社

---

[1] 罗伯特·金·默顿：《十七世纪英格兰的科学、技术与社会》，范岱年译，商务印书馆，2000，第 115 页。

[2] 罗伯特·金·默顿：《十七世纪英格兰的科学、技术与社会》，范岱年译，商务印书馆，2000，第 16 页。

会的发展脉络，是我国推进海洋强国战略过程中不可忽视的重点。海洋社会的形成与发展正是航海技术作为一种"社会建制"对其发展需求做出反馈的结果。接下来，本文将借助马克思与默顿的理论观点，尝试分析 20 世纪中国海洋社会在发展过程中的具体状况与发展需求，并考察该时期的航海技术如何回应当时海洋社会的发展需求，这些回应又是否促进了中国海洋社会的崛起。

二　20 世纪中国海洋社会的基本状况

（一）中国海洋社会的形成与发展

中国兼具类型多样的大陆环境与海洋环境，大陆海岸线长达 18000 多公里，海域辽阔，拥有众多天然良港。从考古学研究视角来看，山东半岛的龙山文化遗址、浙江河姆渡文化遗址都证明，中国先民早在旧石器时代晚期至新石器时代就已经形成了"靠海吃海"的生产生活模式，中国海洋社会正是从这一时期出现了发展的萌芽。

正如马克思所述，蒙昧时期原始人类的第一需求是生存与生活的需求。为了满足这种需求，沿海地区的先民开始创造最原始的航海工具。考古工作者在对河姆渡文化遗址的发掘中发现了大量包括鲨鱼、鲸等海生鱼类的遗骨以及距今 7000 年的独木舟与木桨，并在附近的海岛上也发现了同类遗存，这充分证明了当时已经有了以采集渔猎为主的生产活动。夏商周奴隶社会时期，陆地上的农业生产逐渐发展，社会生产力较原始社会有了充足的进步，原始的商品交换与货币交换开始出现。考古工作者在对殷墟遗址的发掘中发现了鲸鱼骨，因此远距离的海陆交易与物资交换在当时已经成为事实。在这一阶段，载重性能更好的木板船应运而生，通过恒星观测方位的天文导航知识也逐渐被应用在航海实践中。纺织技术的发展使得"风帆"的出现成为可能，进一步促成了人类的远航行动。研究显示，此时中国人的航行范围包括日本列岛、朝鲜半岛以及中南半岛[①]。因此，在这一阶段，依托海洋的社会群体已经不再仅仅是"靠海吃海"，而是利用原始的航海工具与航海技术扩大了社会交往范围、改变了社会关系，初现峥嵘的、

---

① 孙光圻：《中国古代航海史》，海洋出版社，1989，第 6 页。

原始的海洋社会已经被部分地纳入了整体的社会生产过程之中。

自此之后，中国海洋社会一直处于持续扩张的状态。春秋战国时期，"通齐国鱼盐于东莱""道不行，乘桴浮于海""游于海上而乐之，六月不归"等一系列记载都表明，当时中国海上的经济贸易、军事战争、外交往来等活动一直处于持续增长的状态。秦汉时期，更是开辟了我国历史上第一条印度洋远洋航线，即"海上丝绸之路"。到了隋唐时期始设"市舶司"，航迹已经延伸至东非海岸。宋元时期中国与 120 多个国家和地区建立了海上联系，泉州等城市成为国际性港口城市。这种繁荣景象一直延续到明初，在郑和下西洋时期达到顶峰。在这段长达两千余年的时间内，无论官方还是民间的海洋活动，中国一直领先于世界，依托于海洋建立的社会互动与社会关系不断发展，海洋社会也因此进入了历史上的繁荣发展期。

但明中叶至清鸦片战争时期，中国逐渐步入了"航海的中衰时期"[1]，海洋社会的发展遭受了巨大的打击。明朝建立后，朱元璋规定"片板不许下海"[2]，并取消了市舶司机构，同时"严禁交通外番"[3]。永乐二年（1404 年），朱棣也颁令"禁民间海船。原有民间海船悉改为平头船，所在有司防其出入"[4]。这种严厉的海禁政策限制了中国各个群体的海上活动，阻碍了海洋社会的进一步发展。清朝在延续这种严格的海禁政策的基础上，于 1660 年提出了"迁界令"："九月，以海氛未靖，迁同安之排头、海澄之方田沿海居民八十八堡，及海澄边境人民，均于内地安插。"[5] 这一政策使得沿海居民被迫向内地迁徙，中国的海洋活动急剧减少，海洋社会不仅没得到发展，反而进入了收缩状态。

进入 18、19 世纪之后，西方列强开始了对中国海洋社会的入侵。这首先表现在军事方面的袭扰。早在 1832 年，英国军舰就已侵袭了浙江到山东的沿海地区，而清政府的兵船却"无从押逐"[6]。另外，鸦片战争之后，各种不平等条约的签订迫使中国开放了多个通商口岸，列强开始对中国进行

① 孙光圻：《中国古代航海史》，海洋出版社，1989，第 10 页。
② 《明史·朱纨传》。
③ 《明太祖实录》卷 27。
④ 《明成祖实录》卷 205。
⑤ 蒋良骐：《东华录》卷八，中华书局，1983，第 133 页。
⑥ 郭振民：《嵊泗渔业史话》，海洋出版社，1995，第 75 页。

商品倾销，这种经济上的入侵也压缩了中国海洋社会原有的生存空间。在这一时期，清政府的海防政策宣告失败，正式进入"有海无防"的阶段。同时，西方的航海技术、管理制度以及海洋理念进入了中国知识分子与民间有识之士的视野。这些依托海洋而生发的人类活动导致了近代以来中国海洋社会发展较为矛盾的形态：一方面，因为动荡的政治与经济形势，中国原有的海洋社会遭到了严重破坏；另一方面，这种更大规模、更深层次的人类海洋活动也促使依赖海洋而形成的社会关系与社会互动更加广泛、更加紧密，中国海洋社会开始逐渐转型，迈入现代化进程。

（二）20 世纪中国海洋社会的发展状况

1. 20 世纪上半叶的中国海洋社会的发展状况

鸦片战争尤其是甲午海战之后，中国社会对海洋的关注已经达到了前所未有的高度。"海权"的重要性开始被社会精英与知识分子认识和接受，明清之前就已经形成的"开海利渔"、"通洋裕国"以及"开海富国"等海洋经营理念被重新拿出来郑重讨论。此后由国家主导、社会各界广泛参与的海洋活动得以如火如荼地展开。其中，各个通商口岸与沿海城市成为中国海洋社会发展历程中的一个个节点，并借此辐射全国。以浙江宁波为例，为了满足越来越频繁的海洋活动开展的需要，宁波成立了一大批轮船公司。至 1936 年，宁波已拥有 39 家轮船公司，其中 20 家主要经营外海航线，剩余 19 家联通国内其他城市[①]。港口、航线的开辟与建设，使得人口大量集中与流动，来自海上的货物由此被转销到全国各地，海洋社会的覆盖范围借助日益频繁的经济交流无声无息地迅速扩大。

另外，海洋社会的现代化建设也开始加速，主要表现为各种海洋组织的出现。以渔业组织为例，以现代管理制度为主要框架的渔业公司开始出现。但这些渔业公司在当时多被帝国主义所操控或直接由外商设立，"致行旅往返，货物输出，无一不受制于人，国人民族之损失无法挽救"[②]。比如1938 年由日本成立的"华中水产股份有限公司"，基本垄断了上海的渔品批发，上海渔品销售所获收入全部流入日本海军部队[③]。不过，这些先进管理

---

① 孙善根：《浙江近代海洋文明史》，商务印书馆，2017，第 11 页。
② 廖大珂：《福建海外交通史》，福建人民出版社，2002，第 557 页。
③ 穆盛博：《近代中国渔业战争和环境变化》，胡文亮译，江苏人民出版社，2015，第 163 页。

理念的出现无疑也促进了中国海洋社会从"传统"向"现代"的转型。

同时，正是由于这些外来势力，中国原有的传统海洋社会遭受了严重破坏。以渔业生产为例，1936 年国民政府对浙江沿海渔村展开了调查，发现"渔民深感痛苦，殷望政府救济"①。次年，全面抗日战争爆发，浙江沿海被日军舰队封锁，"沿海渔民均不能下海捕捉，以致百余万渔民生计，顿告断绝"，这些渔民最后纷纷选择投军或者内迁，"是以沿海突增数十万壮丁"②。另外，随着当时政府的现代化建设，国家政权不断深入中国海洋社会的方方面面。在国民政府期间，渔民出海必须持有牌照，并缴纳"使用牌照税"；水上警察局也会定期收取高昂的"护渔费"，且"多系地方自卫队以武力强迫征收"③。在这种情况下，一些作为中国海洋社会重要组成部分的渔民群体被迫解散。

2. 20 世纪下半叶中国海洋社会的发展状况

经历了 20 世纪上半叶的持续动荡后，到 20 世纪下半叶前期，中国各个领域的社会建设基本都要"从零开始"，海洋社会也不例外。比如，新中国成立初期渔民多依赖政府贷款进行生产活动。十年动乱时期，浙江嵊泗渔区出现了"集体空，社员穷，生产靠贷款，生活靠借支"的局面，连基本的船只、渔网等生产工具都十分匮乏。据统计，抗战前嵊泗县共有渔船2292 艘，但到 1950 年 8 月当地政府统计时发现，渔船仅剩 1338 艘，渔网也仅剩 267 张，这导致当地渔民连简单的生产活动都难以完成④。而受国内外政治局势影响，海上贸易更是处于颓势，并在较长的一段时期内未见回转。以福建福州港为例，其"进入 1949 年后，进口值仅寥寥 15 美元，出口无统计数字"⑤。

改革开放之后这种情况得到了极大的改善。首先是随着国内商品经济的发展，依托于海洋渔业的渔民群体的生活水平得到了显著提升，到 1998年中国渔业总产值较 1952 年增长 123.286 倍。以浙江嵊泗县为例，"1990年，全县渔民家庭人均纯收入达 2216 元，比上年增加 25.5%。其中，人均

---

① 《各区渔民殷望救济》，《镇海报》1936 年 10 月 8 日。
② 《浙海渔民生计断绝纷纷投军卫国》，《新闻报》1938 年 5 月 22 日。
③ 孙善根：《浙江近代海洋文明史》，商务印书馆，2017，第 50 页。
④ 郭振民：《嵊泗渔业史话》，海洋出版社，1995，第 78 页。
⑤ 《一九四九年中国对外贸易报告》，1950，第 13 页。

生产性纯收入为 2087 元，比上年增长了 33.8%"①。

其次，对外开放政策的实施使得海上贸易逐渐兴盛。《中国统计年鉴 1999》显示，1975 年中国进出口总额仅为 290.4 亿元，但到了 1998 年已经跃升至 26854.1 亿元，并实现了从 1986 年的入超 416.2 亿元到 1998 年出超 3609.3 亿元的飞跃。同时，中国沿海主要港口货物吞吐量也从 1980 年的 21731 万吨跃升至 1998 年的 92237 万吨。由此可见，改革开放之后依托海洋活动的社会互动与社会关系逐渐发展，中国海洋社会开始了新一轮的扩张。

综上所述，20 世纪中国海洋社会的发展可以细分为三个时期，即 20 世纪上半叶的动荡期、20 世纪下半叶至改革开放之前的恢复期以及改革开放之后的繁荣发展期。动荡期中的中国海洋社会体现出了一种"畸形"或"矛盾"的发展状态，一方面由国家主导的海洋活动越来越频繁，依托海洋而形成的社会互动范围也越来越广，另一方面中国传统的海洋社会却又遭受了重创。到了 20 世纪下半叶前期，由于战争的破坏，中国海洋社会进入了艰难的维生与恢复期。受冷战格局的影响，这一时期的海上贸易与海洋活动几乎停滞，渔业社会成为海洋社会的主体。而改革开放后，全球化浪潮兴起，中国逐步建立了市场化机制，实施对外开放，各区域之间联系加强，中国海洋社会也因此迎来了繁荣发展。

三 20 世纪航海技术对于中国海洋社会发展需求的回应

默顿在其《十七世纪英格兰的科学、技术与社会》中揭示了科学技术与社会因素之间的互动关系。一方面，"不同的时期，一个社会的占主导地位的观念和思想情感主要表现在这个或那个领域"②，这表明一个社会的发展需求会促使科学技术朝着某些特定的方向前进；另一方面，"科学得到社会方面的鼓励甚至重视，主要是因为它的潜在作用"③，这一"潜在作用"

---

① 郭振民：《嵊泗渔业史话》，海洋出版社，1995，第 379 页。
② 罗伯特·金·默顿：《十七世纪英格兰的科学、技术与社会》，范岱年译，商务印书馆，2000，第 116 页。
③ 罗伯特·金·默顿：《十七世纪英格兰的科学、技术与社会》，范岱年译，商务印书馆，2000，第 287 页。

即指科学技术对社会发展需求的回应与反馈。如上节所述，对于 20 世纪的中国海洋社会而言，主要分为三个发展阶段，每一发展阶段的社会需求有所变化，因此中国航海技术的回应也各有侧重。

（一）20 世纪上半叶中国海洋社会的发展需求与技术回应

20 世纪上半叶中国海洋社会的发展基本延续了鸦片战争之后矛盾性的趋势。在宏观层面，中国社会的海洋活动明显增多，无论是直接的海洋活动还是间接的海洋活动都更加频繁，社会整体与海洋的联系因此更加紧密。同时，随着各个政府的重视，中国的海洋社会已经被纳入了现代化建设体系之中。从这个角度来看，20 世纪中国的海洋社会表现出了一种颇具活力甚至欣欣向荣的状态。但在微观层面，中国的海洋社会却遭受了严重破坏，这里的海洋社会更多地指向中国本土传统的海洋社会。人们正常的海洋经济活动被列强的商品倾销所破坏，部分海洋区域被军事封锁，渔民群体的生产活动受到限制，很多依托海洋生存的社会群体都被"消灭"了，但也有一些群体开始谋求联合，以改善"一切旧有之恶习惯"[1]。

因此在总体上，20 世纪上半叶的中国海洋社会表现出了一种既"分裂"又"统一"的状态。宏观上的中国海洋社会逐渐趋向"整合"，政府开始利用国外先进的科学技术、管理理念对社会关系逐渐变革的海洋社会进行现代化建设；而在微观层面，中国本土传统的海洋社会却难以为继，只能竭力维持自身的存在。但正如中国近代以来整体的社会变迁一样，这种"分裂"的海洋社会有一个"统一"的发展诉求，即中国的海洋社会亟待一个独立自主、和平发展的环境以完成其从"传统"向"现代"的转型。因此，正如默顿在分析 17 世纪英格兰扩张过程中所发展的科学技术那样，20 世纪上半叶的中国海洋社会在航海技术的发展方面，也表现出了一种"集体自尊心"与"民族主义功利"的倾向[2]。

这主要表现在军事舰艇的研发与生产方面。19 世纪清政府关于"海防"与"陆防"之争的结果证明，在当时的国家层面已经确立了"海陆并重"

---

① 金炤华：《浙江水产建设问题之检讨》，载穆盛博著《近代中国的渔业战争和环境变化》，胡文亮译，江苏人民出版社，2015，第 79 页。

② 罗伯特·金·默顿：《十七世纪英格兰的科学、技术与社会》，范岱年译，商务印书馆，2000，第 17 页。

的国防观念。19 世纪末的洋务运动期间，清政府新建了一大批造船厂，从海防的层面"急求制军器之器"①，开始谋求发展现代化的军舰。到了 20 世纪上半叶北洋政府、国民政府时期，这一批造船厂的重心无疑更加偏向军事舰艇的研发。以民国二十年（1931 年）的江南造船所为例，"在民国十一年以前，承造之军舰、商船已达三百七十八艘，修船不计其数。比年以来，建造本军舰艇、美国军舰……工程迅速，质料精良，时间准确，皆以脍炙人口"。除此之外，在军事舰艇的其他技术设备方面，中国的技术工人也"急起直追"。比如在电气设备、无线电工程等方面"合经验及理论所得，采精撷华，由博反约，自行制造"，且成品"无不仿之惟妙惟肖，式样一律，观瞻大壮"。②

同时，航海技术的发展也确实在一定程度上回应了当时中国海洋社会对于和平发展环境的需求，比如船舶通信技术的进步为保证海上活动的安全开展提供了条件。1925 年，浙江要求各水上警察厅于巡舰上安装无线电机以维护海上治安；同年 10 月，"全国海岸巡防处"于浙江设立无线电台，1926 年 3 月又于福建厦门设立大电台，"使得两省航线界内可以呼应"。1935 年初，宁波公安局紧急要求区内所辖航线客轮在同年 3 月前，必须安装无线电台。③ 江南造船所于 1936 年研发生产的"平海"号巡洋舰，在 1937 年 9 月曾作为海军第一舰队的旗舰，指挥舰队在江阴水道防守、阻击日本海军。④ 这些航海技术的发展都为当时保障中国海洋社会的安全做出了巨大贡献。

但不幸的是，随着日本全面侵华战争的开始，设立在各沿海城市的主要造船基地都被摧毁、占领。以江南造船所为例，战争期间仅有一小部分技术资料与职工来得及向内陆转移，之后也只能从事水雷的小规模生产⑤。中国航海技术因整体的社会变迁而再次陷入停滞状态，中国海洋社会遭受了巨大的破坏。

（二）20 世纪下半叶中国海洋社会的发展需求与技术回应

1. 新中国成立后至改革开放前

1949 年新中国成立后，中国海洋社会对独立自主、和平发展环境的诉

① 石健主编《中国近代舰艇工业史料集》，上海人民出版社，1994，第 107 页。
② 石健主编《中国近代舰艇工业史料集》，上海人民出版社，1994，第 215 页。
③ 孙善根：《浙江近代海洋文明史》，商务印书馆，2017，第 324 页。
④ 席龙飞：《中国造船史》，湖北教育出版社，2000，第 317 页。
⑤ 石健主编《中国近代舰艇工业史料集》，上海人民出版社，1994，第 236 页。

求已经得到了满足，但其现代化过程仍在持续。这是因为新中国成立后至改革开放前，中国海洋社会正常、健康的生产生活秩序还未完全恢复与建立。在这一时期受冷战格局的影响，西方各国对我国实行了封锁政策，又因战争破坏，各类海洋设施、船舶载具都还处于缓慢恢复阶段。因此，20世纪下半叶前期除渔业活动外，我国的海上活动稀少，海洋社会的社会关系与社会互动停留在较小的范围内，尽快恢复正常的生产生活秩序成为当时中国海洋社会最主要的发展需求。

这个发展需求在航海技术上主要体现为对海洋经济活动所需的生产工具的恢复。新中国成立前，大多沿海城市与重工业产业都为国民党所把持，这导致解放后很多海上活动陷入无船可用的境地。1936 年，中国尚有 10 艘拖网渔轮，150 余艘手缲网汽船。[1] 但解放战争后，以浙江嵊泗县为例，海上渔业活动却只能依靠"一只橹，二道桨，一张蓬，一顶网，一双手"这种传统的纯手工劳作，直到 1956 年才将第一批建造的机帆渔船投入生产。[2]

"各种海洋生产都是在一定的科学技术基础上兴起的，同时又都不断地促进相应科学技术的进步，不断积累科学技术知识。"[3] 随着生产秩序的逐渐恢复，中国的航海技术再次发展起来。1954 年浙江省沈家门水产技术指导站开始了机帆船捕鱼实验，并于 1955 年初试成功并投入生产。[4] 60 年代开始，中国沿海地区的渔船开始"机帆化"，渔民群体的生产生活方式逐渐从单纯的手工操作变为半机械化操作。同时，机帆渔船的吨位、功率也逐步扩大，海洋捕捞业开始进入大中型机帆船捕捞时代。因此，中国海洋社会开始以渔业社会为中心逐渐复苏。

2. 改革开放之后

基于 20 世纪下半叶前期的恢复与重建工作，在改革开放后，中国海洋社会爆发出了巨大的活力，与社会各界的互动明显增多，社会关系更加复杂、紧密。1980 年中国设立 4 个沿海经济特区，1984 年国务院批准开放 14

---

① 欧阳宗书：《海上人家——海洋渔民经济与渔业社会》（下），江西高校出版社，1998，第 273 页。

② 郭振民：《嵊泗渔业史话》，海洋出版社，1995，第 125 页。

③ 黄公勉、杨金森：《中国历史海洋经济地理》，海洋出版社，1985，第 25 页。

④ 张立修、毕定邦主编《浙江当代渔业史》，浙江科学技术出版社，1990，第 92 页。

个沿海城市，1988 年增设海南经济特区。这些沿海城市和经济特区的海洋活动越来越频繁，带动了人口的大量聚集，面向海洋的社会经济活动使得一大批人不自觉地被纳入了海洋社会当中。因此，改革开放之后，中国海洋社会逐渐进入繁荣发展期，基本完成了从"传统"向"现代"的转型。这一阶段的海洋社会谋求的是如何更快更好地与现代化社会接轨。

为了满足这一阶段海洋社会的发展需求，航海技术开始倾向于向"经济和技术功利"① 方向发展，并对中国现代海洋社会的发展起到了极大的促进作用。这首先表现为航海技术的现代化升级，各类船舶开始呈现大型化、专业化、高速化、自动化的趋势，以此来满足海洋社会交流频率日益提升、交流规模日益增大的需求。比如七八十年代浙江嵊泗县渔民所用的拖虾机帆船重量一般为 5 吨左右，功率为 9 千瓦，但 90 年代时已经频繁使用 80 吨位、142 千瓦功率的大型拖虾机帆船了②。除渔船外，远洋货轮的吨位也不断提高，沿海港口的万吨级泊位从 1979 年的 138 个增加至 1998 年的 468 个③。

另外，我国于 1979 年加入国际海事卫星组织，卫星导航成为中国远洋航海的重要手段。20 世纪 80 年代中国开始研发适合我国国情的卫星导航系统，并形成了"三步走"发展战略：2000 年底，建成北斗一号系统，向中国提供服务；2012 年底，建成北斗二号系统，向亚太地区提供服务；2020 年，建成北斗三号系统，向全球提供服务。由此，中国的航海技术进入了导航定位电子化的阶段。

在这一时期，中国航海技术的发展在促进海洋社会发展的同时也获得了其"社会自主性"，在海洋探索与海洋开发方面，社会各界的积极性越来越强。1984 年 11 月 20 日，中国首次南极考察编队从上海起航，同年 12 月 26 日抵达南极；1987 年我国极地考察船"极地"号顺利完成首次环球海洋科学考察航行；1989～1991 年我国首次对全国海岛进行了多学科综合调查；1994 年 10 月"雪龙"号极地考察船首次执行南极科考和物资补给运输任务。航海技术在回应改革开放后中国海洋社会发展诉求的同时，也使其自

---

① 罗伯特·金·默顿：《十七世纪英格兰的科学、技术与社会》，范岱年译，商务印书馆，2000，第 16 页。

② 郭振民：《嵊泗渔业史话》，海洋出版社，1995，第 127 页。

③ 参见国家统计局，https：//data. stats. gov. cn/easyquery. htm？cn = C01&zb = A0G0P02&sj = 1998，最后访问日期：2021 年 5 月 14 日。

身得到了极大的提升，并再次对海洋社会形成了正面的刺激，使得中国的现代海洋社会真正成型并开始崛起。

综上所述，航海技术在 20 世纪中国海洋社会的发展历程中起到了极大的作用。从 20 世纪上半叶航海技术的"民族主义"倾向，到 20 世纪下半叶前期的恢复与重建，再到 20 世纪下半叶航海技术表现出的"经济和技术功利"，这些发展特征无不回应了海洋社会在特殊历史时期的发展诉求。正如马克思在《机器、自然力与科学的应用》中所阐述的那样，在社会从"传统"向"现代"的转型过程中，"科学因素第一次被有意识地和广泛地加以发展、应用，并体现在生活中"①。海洋作为一种与陆地特征不同的"新大陆"，人类在探索、利用它的时候必然要借助"工具"的力量，而"工具"也必然要体现并回应人类的诉求。

四 结论

海洋社会是我国海洋强国战略中的重要一环，更好地认识与建设海洋社会对海洋强国战略的推进有着深远意义。作为一种社会形态，海洋社会具有三个典型特性：首先，海洋社会具有深刻的结构性与系统性，是整体社会中不可或缺的一部分；其次，海洋社会是一个历史性概念，与整体社会的发展变迁紧密相关；最后，海洋社会是某一历史时期一部分社会互动与社会关系的集中体现，是某一历史时期中的、面向海洋的人类社会关系的总和。正因如此，海洋社会的发展十分依赖工具性载体，在海洋社会由小到大、由弱到强的发展过程中，航海技术起到了十分关键的作用。历史证明，航海技术会通过回应每一阶段海洋社会的诉求来促进其进一步发展。

与整体社会发展一致，20 世纪也是中国海洋社会从"传统"向"现代"转型的关键时期。一方面，在这一时期中国社会遭受了包括政治、经济、军事等外来因素的巨大冲击，导致中国传统的海洋社会正处于解体的边缘。另一方面，海洋活动所涉及的领域又一直在扩大，新的海洋社会正在形成，但它却受到了帝国主义的操控。因此，在 20 世纪上半叶，中国航海技术表现出了一种"民族主义"倾向来回应海洋社会对和平环境的渴求。

---

① 马克思：《机器、自然力与科学的应用》，人民出版社，1978，第 208 页。

到了 20 世纪下半叶，受战争影响的中国海洋社会百废待兴，海洋活动只能围绕基本的生产生活展开，因此这一时期的航海技术主要集中在生产生活领域。直到改革开放后，全球化浪潮成为大势所趋，国内政策纷纷"解绑"，中国海洋社会才开始蓬勃发展。在这一阶段，海洋社会现代化的发展要求使得航海技术更加强调对经济利益与技术本身的追求，因此其进行了"全方位、立体化"的升级，而这种升级又反过来促进了中国现代海洋社会的崛起。

中国现代海洋社会的建立与崛起无疑为我国推进海洋强国战略打下了深厚的基础。以此为鉴，中国未来的海洋强国战略要持续推进，就必须不断关注现代海洋社会的发展趋势，按习近平总书记指示的那样，"发展海洋科学技术，着力推动海洋科技向创新引领型转变"，以更高效、更高质量的海洋科技回应当代海洋社会的发展诉求，从而实现建设新时代海洋强国与中华民族伟大复兴的目标。

海洋教育的发展现状、挑战与转型*

宁　波　郭新丽**

摘　要：为传播海洋可持续发展理念，构建"人类命运共同体"，在被称为"海洋世纪"的 21 世纪，加强海洋教育刻不容缓。当前，海洋教育的国家政策日趋利好，学术层面日益重视，社会各界日益关注，但同时也面临理论研究、发展模式、社会支持等方面的挑战。对此，发展海洋教育亟待在教育政策、教育模式、教育路径等方面转型突破。

关键词：海洋教育　挑战　转型　发展

在被称为"海洋世纪"的 21 世纪，人类的生存与发展系于海洋，人类的未来也系于海洋。党的二十大报告指出："要发展海洋经济，保护海洋生态环境，加快建设海洋强国。"海洋既是实现中华民族伟大复兴的要素考量，也是构建"人类命运共同体"的重要空间。面对全球变暖、极地冰山融化、海平面升高、极端天气增多等日益紧迫的环境问题，海洋的可持续发展逐渐成为全球性的热点话题，海洋教育也因此引起世界各国的重视。党的二十大报告还指出"科技是第一生产力、人才是第一资源、创新是第一动力"，为传播海洋可持续发展理念，构建"人类命运共同体"，培养优秀海洋人才，发展海洋事业，加强海洋教育已逐渐成为举国上下的共识。

---

* 基金项目：上海海洋大学 2022 年高等教育研究课题"世界一流学科建设路径研究"（A1 - 2005 - 22 - 400110）；上海市教委海洋家国情怀文博育人项目（2022 宣传 1 - 2 - 24）。

** 宁波，上海海洋大学经济管理学院硕士研究生导师，海洋文化研究中心副主任，副研究员，主要研究方向为渔文化、海洋文化经济等；郭新丽，上海海洋大学海洋科学学院教学秘书、助理研究员，主要研究方向为高等教育管理，本文通讯作者。

一　海洋教育的现状

（一）发展形势日趋向好

1994 年 11 月 16 日，《联合国海洋法公约》（以下简称《公约》）开始生效。这个《公约》可谓是国际社会海洋管理的基本法，是国际海洋治理宪章。该《公约》的生效，使世界海洋治理进入国际法治理的崭新阶段，也促使世界各国关注并重视海洋教育，培养海洋人才。中国作为一个拥有 300 万平方公里"蓝色国土"的海洋大国，更需要科学规划和加强海洋教育，培养具有家国情怀、国际视野的高级海洋人才。习近平总书记指出："21 世纪，人类进入了大规模开发利用海洋的时期。海洋在国家经济发展格局和对外开放中的作用更加重要，在维护国家主权、安全、发展利益中的地位更加突出，在国家生态文明建设中的角色更加显著，在国际政治、经济、军事、科技竞争中的战略地位也明显上升。"[1] 这为海洋教育的高质量发展提供了大好背景。1996 年，中国政府发布《中国海洋 21 世纪议程》，提出要加大海洋人才培养力度。1998 年，国务院发布《中国海洋事业的发展》白皮书，指出要发展海洋科学技术和教育。此外，国家还先后出台《海洋系统"十二五"引进留学人才计划》《海洋系统"十二五"公派留学计划》《全国海洋人才发展中长期规划纲要（2010—2020 年）》等文件。2010 年，教育部和国家海洋局合作共建北京大学、清华大学等 17 所教育部直属高校。2014 年，国家海洋局宣传教育中心委托中国海洋大学出版社组织编写、出版了中国第一套覆盖中小学各阶段的教材《我们的海洋》。2012 年，党的十八大报告首次提出，"要提高海洋资源开发能力，坚决维护国家海洋权益，建设海洋强国"。2019 年，党的十九大报告指出："要坚持陆海统筹，加快建设海洋强国。"同年，专门的海洋大学已有 6 所，分别是中国海洋大学、上海海洋大学、浙江海洋大学、广东海洋大学、大连海洋大学、江苏海洋大学，众多部属高校成立了海洋学院，海洋高等教育进入新的发展阶段。

---

[1] 《进一步关心海洋认识海洋经略海洋　推动海洋强国建设不断取得新成就》，http://www.xinhuanet.com/politics/2013–07/31/c_116762285.htm，最后访问日期：2023 年 2 月 15 日。

（二）研究日益活跃

学术界对海洋教育的研究日益活跃，为海洋教育的发展提供了与时俱进的理论支撑。关于海洋教育的研究，很长一段时间内只有零零星星的几篇，2010 年以后迎来了一个小高潮（见图 1）。2010 年之前，关于海洋教育的论文年均发表 50 篇以下，2010 年之后年均发表 50 篇以上，在 2020 年左右达到年均 100 篇。在中国教育总体水平还比较落后的情况下，发展并重视海洋教育不太现实，随着中国教育总体水平不断提高，海洋教育逐步获得越来越大的发展空间。因此，关于海洋教育的研究在 2010 年之后迎来了小高潮，这表明在中国教育总体水平实现质的飞跃的同时，海洋教育也逐渐酝酿、发展和壮大。

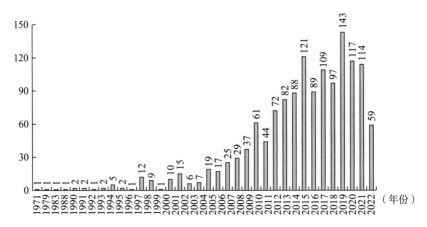

图 1 1971～2022 年中国知网发表海洋教育论文篇数

注：2022 年 7 月 30 日以"海洋教育"为主题词在中国知网总库进行的主题检索结果。

（三）社会教育蓬勃发展

社会各界对海洋教育的重视程度日益提高，主要表现为青年学子报考海洋高校日趋踊跃、生源质量日益提高。除了学校体系里面的海洋教育，社会上的各种海洋教育机构也越来越多。2011 年，中国首批国家级海洋公园由国家海洋局批准设立，迄今全国已设立 50 处国家级海洋公园[1]。水族海洋馆呈现快速发展态势，如北京海洋馆、上海海洋水族馆、珠海长隆国

---

[1] 杨振姣、张寒、牛解放等：《基于国内外实践经验的国家级海洋公园建设研析》，《环境保护》2022 年第 7 期。

际海洋度假区、青岛海底世界、上海长风公园·长风海洋世界景区、香港海洋公园、大连圣亚海洋世界、厦门海底世界、青岛极地海洋世界、长沙海底世界等，受到民众欢迎。此外，一些海洋文博场馆也如雨后春笋般涌现。其中，位于天津的国家海洋博物馆，建筑面积 8 万平方米，展陈面积 2.3 万平方米，是由自然资源部与天津市人民政府共建共管的国家级海洋博物馆，于 2019 年对外开放。沿海各地的海洋研学活动也日益丰富。这些富有"海味"的社会教育机构和活动呈现蓬勃发展态势，海洋社会教育受到越来越多的欢迎。

二 海洋教育的挑战

（一）理论研究有待提升

中国有 18000 多千米的海岸线，14 个沿海省份，海域面积广阔，海洋资源丰富。然而遗憾的是，尽管国家与社会理论上对海洋教育研究有很大需求，与之相应的海洋教育理论研究却有所滞后。由图 2 可知，目前对海洋教育研究贡献最多的机构仍以海洋海事类高校为主。其中，因为更名关系，中国海洋大学与青岛海洋大学是同一家高校，浙江海洋学院与浙江海洋大学也是如此。就中国 2688 所普通高校以及其他众多的科研机构而言，关注海洋教育的研究机构占比偏少，与中国实现海洋大国的目标有较大距离。值得注意的是，海洋类或涉海类高校研究海洋教育理所应当，但只有更多的综合性、师范类或其他研究机构研究海洋教育，海洋教育才会成为与 300 万平方千米的蓝色国土相匹配的教育。

由图 3 可知，海洋教育作为一个新兴又关系中国海洋事业发展的领域，在基金资助上也存在一定的不匹配问题。各类基金资助总数偏少，甚至一些沿海省份的教育或哲学社会科学基金资助为零。这一现象背后凸显了理论界对海洋教育研究的重视程度还比较有限，也反映了知识精英群体的海洋意识依然比较淡薄。有趣的是，国家自然科学基金对海洋教育的资助力度，居然超过了国家社会科学基金。这反映出本应对海洋问题同样敏感的社会科学界，与自然科学界相比反倒有所逊色，凸显了理论界"文理交叉"状况存在一定不足。

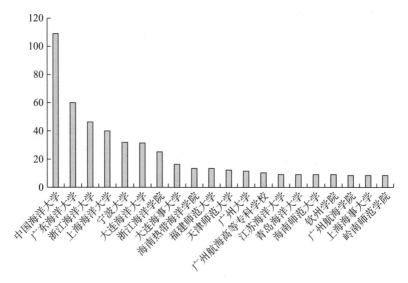

图 2 1971～2022 年中国知网研究机构发表海洋教育论文篇数

注：2022 年 7 月 30 日以"海洋教育"为主题词在中国知网总库进行的主题检索结果。

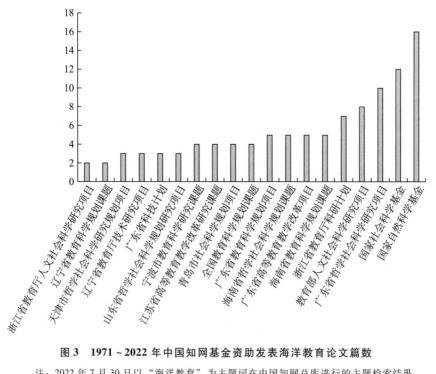

图 3 1971～2022 年中国知网基金资助发表海洋教育论文篇数

注：2022 年 7 月 30 日以"海洋教育"为主题词在中国知网总库进行的主题检索结果。

由表 1 可知，目前，中国研究海洋教育的专家，集中于马勇①、刘训华②、马仁锋③等少数学者；所发表的期刊也多集中于《海洋开发与管理》《航海教育研究》《宁波大学学报》（教育科学版）等。其他学术期刊，包括核心期刊，对海洋教育的关注明显不足。

表 1　1971～2022 年中国知网作者与期刊发表海洋教育论文篇数统计表

作者	篇数	期刊	篇数
马　勇	15	《海洋开发与管理》	31
刘训华	11	《航海教育研究》	31
马仁锋	7	《宁波大学学报》（教育科学版）	30
崔旺来	5	《海洋世界》	23
姚　泊	5	《教育教学论坛》	23
何培英	5	《新教育》	19
卢　灵	5	《浙江海洋大学学报》（人文科学版）	17
苗振清	4	《教育家》	16
林年冬	4	《中国海洋报》	15
潘爱珍	4	《中国海洋大学学报》（社会科学版）	14
高建平	4	《高等农业教育》	14
杜　鹃	4	《山东教育》	13
吴高峰	4	《中国成人教育》	13
季　托	4	《管理观察》	11
季岸先	4	《天津师范大学学报》	11
王　琪	3	《环境教育》	10
曹惠容	3	《铁军》	10
李宪徐	3	《教育现代化》	10
吴海萍	3	《中学地理教学参考》	10
阎志清	3	《中国海洋大学学报》（社会科学版）	9

注：2022 年 7 月 30 日以"海洋教育"为主题词在中国知网总库进行的主题检索结果。

（二）发展模式面临挑战

目前，海洋教育发展"重高教，轻普教"，然而海洋意识重在启蒙阶段

---

① 马勇：《何谓海洋教育——人海关系视角的确认》，《中国海洋大学学报》（社会科学版）2012 年第 6 期。

② 刘训华：《论海洋教育研究的学科视域》，《宁波大学学报》（教育科学版）2018 年第 6 期。

③ 马仁锋、周小靖：《国民素养视角海洋经济知识体系及其教育实施策略》，《航海教育研究》2020 年第 3 期。

的根植，海洋知识重在青少年阶段的熏染。但是除了沿海少数省份，中国中小学教育中普遍缺少海洋教育。如教育部编 2020 年版义务教育阶段语文教材（1 ~ 9 年级），以及人民教育出版社 2019 年修订版高中教育阶段语文必修教材 1 ~ 5 中，小学涉海文章占比仅 1.68%，初中涉海文章占比仅 1.96%，高中涉海文章占比只有 5.61%。[①] 这种"重高教，轻普教"，以及海洋教育的传统优势生源范围逐渐萎缩的状况，使得海洋教育的发展面临挑战：一是海洋教育的价值和意义仍局限于海洋教育群体内部，或者说对海洋教育热衷的少数群体，未能产生很好的辐射效应或波及效应，以致海洋教育在整个国民教育体系中的影响和地位有限；二是虽然有一些零星的闪光的实践典型，但海洋教育作为更强调实践意义的教育，人们对其的了解仅停留在认知层面而非实践层面，以致存在学生"知"多"行"少、素养不足的情况；三是虽然海洋教育被纳入学校教育的理想空间很大，但现状不尽如人意；尽管被纳入社会教育体系的趋势逐渐向好，但也多停留于旅游研学层面的经济拉动。这些问题，都是海洋教育研究者亟待思考和破解的难题。

（三）社会环境亟待改善

由于国民海洋意识依然相对欠缺，社会关心和支持海洋教育的环境仍需改善和优化。这既表现为海洋教育在考生报考序列中的排位不甚乐观，不少优秀青年闻海却步，也表现为社会各界对海洋教育的资助和支持还比较有限。同样是捐资助学，社会资金目前更加青睐综合性名牌大学，热爱并支持海洋教育的捐资助学氛围还不浓郁。

三　海洋教育的转型

（一）教育政策需要转型

党的二十大报告指出"要发展海洋经济，保护海洋生态环境，加快建设海洋强国"。建设海洋强国，第一要素显然是人才支撑。党的二十大报告

---

① 肖圆、郭新丽、宁波：《海洋教育：教育思想与实践的嬗变》，《海洋开发与管理》2022 年第 3 期。

同时指出，"科技是第一生产力，人才是第一资源，创新是第一动力"。为了深入领会、贯彻和执行这一重要指示，教育政策需要围绕建设海洋强国这一国家战略，加强对海洋教育的研究、审视并适当给予政策倾斜。一是务必从青少年抓起，加强基础教育阶段的海洋教育，在日常教学和教材中适当充实海洋教育的内容，为有志于投身海洋事业的青少年扣好"人生第一粒扣子"；二是加大对海洋高等教育的支持力度，支持海洋自然学科与社会学科协调发展，做大做强国家海洋高等教育，培养愿意投身于海洋事业的卓越人才；三是加强社会对海洋教育的扶持，推动海洋教育走向青少年，走向普罗大众，走向高水平内涵式发展之路。

（二）教育模式需要转型

教育模式需要转型，需要贯通不同教育体系，形成多方协同的海洋教育体系。一是打通学校海洋教育和社会海洋教育之间的通道，促使海洋教育走"理论与实践、认知加体验"相结合的教育之路，拓展海洋教育的横向维度和纵向深度。海洋教育不仅仅是一个知识体系或学科体系，更是一个实践体系。由实践走向海洋意识自觉，走向海洋实践自觉，是海洋教育的重要内容。从这个层面上理解，海洋教育既是学校教育的范畴，也是社会教育的内容；既是认知的教育，也是实践的教育。只有相互贯通，整合优化，集成发力，海洋教育才能更好地实现人才培养的功能。二是打破大、中、小学海洋教育的界限，让学有余力的中学生可以选修大学课程、进入大学实验室，让品学兼优的大学生走进中小学，指导中小学生开展创造性小实验等，从而使海洋教育资源进一步优化配置，打通拔尖人才成长通道，更好地"一条龙"式发现和培养有志于海洋事业的卓越人才。三是打通内陆与沿海地区的海洋教育通路，创设海洋教育的跨区域、跨部门的合作平台。四是构建上海、深圳、天津、青岛等"全球海洋中心城市"同盟体，或者环渤海经济圈、长三角、粤港澳大湾区等海洋教育联盟，建成海洋教育与海洋产业、海洋事业发展紧密结合的教育模式。

（三）教育路径需要转型

教育路径需要转型，需要贯通不同教育体系并凝聚发展合力。为了构建"海洋命运共同体"，为海洋强国建设培养优秀人才，除了国家加大对海洋教育的投入力度外，还应鼓励和支持社会资本支持和发展海洋教育，使海洋人才培养路径由单一化走向多元化，由以分数为本到以能力为本。由于高考和应试教育存在很强的惯性，尽管屡经调整甚至大刀阔斧式的改革，比如规范社会教育培训机构等，但在实际操作中认知能力的教育仍多于实践能力的教育。知识被过度训练和解读的情况依然存在，原本有趣味的知识呈现标准化、碎片化、乏味化特征，"知行不一""高分低能""好高骛远"成为不少学生的特点。说了等于做了，写了等于会了，泛泛而谈、浮于实践，为创新而创新，为形式而形式，极尽文字和表现之精巧，却不接地气，离生产实践、生活实践等始终隔着一层膜。这样偏重学生存量知识的教育，显然需要改革和转型，在路径创新中赋予教育以新活力。当前，厄尔尼诺现象已引发全球海洋生态环境和地球气候的巨大变化，导致极地冰山融化，海平面上升，台风、海啸等恶劣灾害天气增多，澳大利亚东部地球上最大最美的大堡礁正在一片片白化，世界各地的降水带向极地方向迁移和重布，超强暴雨、泥石流等极端恶劣天气增多，原本雨量充沛之地开始出现干旱，极端高温天数一再突破历史纪录。这些威胁人类生存发展的与海洋息息相关的生态和环境问题，急需大量海洋人才去研究、去破解。这使人类更加深刻地感受到构建"海洋命运共同体"、推进海洋可持续发展的意义，更加呼唤优质的海洋教育、卓越的海洋人才。同时，为构建"海洋命运共同体"，需要加强国际交流与合作，培养熟悉海洋法、海商法等的海洋复合型人才。这也迫切需要教育路径转型，加强并发挥海洋教育的功能。比如，可以与国际组织合作培养海洋治理的科学家、国际公务员、观察员等海洋人才。最后，加强对海洋文化资源的开发和应用，通过文旅融合、渔村振兴等，在海洋研学或休闲渔业等文旅融合项目中普及海洋知识、传承海洋精神。

总而言之，加强海洋教育需要在三个方面着力：一是加强海洋教育理论研究，使海洋教育在教育理论体系中得到应有的重视，进而为海洋教育发展争取更好的教育政策保障；二是加强海洋教育的决策咨询研究，使海洋教育更好地被纳入国民教育体系和教育事业发展规划；三是加强海洋教育理论与实践的结合，在"知行合一"中发挥海洋教育的功能价值。

海洋生态文明建设

海洋生态环境损害认定机制标准化研究[*]

童志锋　龚金镭^{**}

摘要： 目前，海洋生态环境损害问题日益突出，相关的认定制度正在逐渐跟进。但不同于陆地生态环境损害认定，海洋层面损害认定机制的构建面临着更为复杂的困境。目前标准化管理已成为新型规制模式的一部分，为此将标准化适时引入海洋生态环境损害机制中，能构建起更为科学的损害认定评估规则。另外，因为海洋环境的特性，在构建损害认定机制时要充分参考国际标准；此外，要结合市场本身的客观规律，充分评估标准的主体是否合理。

关键词： 海洋环境　损害认定　标准化

生态环境损害已成为最热门的话题之一，如何通过有效的制度来处理日益增多的损害认定问题亦成为人们关注的焦点。以著名的大连"7·16"事故为例，事故发生了，除了要及时治理近海海域海水污染，还应当意识到这片海域的生态系统失衡以及对渔业资源的污染，该如何认定？更可怕的是造成了海洋生态系统失衡，从而导致渔业资源污染，往后十数年沿海居民的经济损失谁来承担？因此此时非常需要健全海洋生态环境损害认定机制，而法律应当采取什么样的姿态介入海洋生态环境损害认定机制的构建则尤其值得重视。

---

* 本文是 2022 年国家社科基金一般项目"乡村环境治理共同体建构及其实现机制研究"（22BSH158）、2022 年度浙江省哲学社会科学规划领军人才培育课题一般课题"新时代中国特色社会主义法治文化建设的背景及需要"（22YJRC08ZD-2YB）阶段性成果。

** 童志锋，浙江财经大学法学院教授、院长，中国社会学会海洋社会学专业委员会副理事长，主要研究方向为环境治理、社会治理、法学理论；龚金镭，浙江财经大学法学院讲师，主要研究方向为环境法学、理论法学。

一 问题的提出

一般来说，生态环境损害认定主要可分为生态环境损害与损害认定两个部分。2015 年，中共中央办公厅、国务院办公厅印发的《生态环境损害赔偿制度改革方案》中专门提到"（二）以下情形不适用本方案：……2. 涉及海洋生态环境损害赔偿的，适用海洋环境保护法等法律及相关规定"①。从这点可以看出海洋生态环境损害认定的特殊性。海洋空间的广阔性，导致了损害认定机制在构建时具有责任分散的特征，并涉及国家与超国家层面。立法这么考量并不是所谓"边缘化"的表现，而是对传统的以政府机构为核心的规制管理体系的挑战，同时也为重新评判生态环境损害认定的有效性和正当性提供了现实基础。

海洋生态环境损害认定难，原因有两个：首先，海洋空间远离陆地的可居住空间；其次，海洋环境问题起源更难识别，不仅影响本地环境，甚至影响全球环境。海上人类活动的发展可以帮助建立人与海洋之间的联系，海洋空间规划的发展将更多的参与性决策扩展到海洋领域，通过构建更强大的机制来消除障碍，保障人与海洋空间之间的合法利益。

一旦海洋生态环境损害认定机制完善，便会产生相对应的程序权利。为了应对目前将规制标准用于海洋生态环境损害认定机制的情况，需尽早地构建起标准评估体系。但目前的问题是，如何针对海洋环境法律规则制定标准，或者如何实现标准化管理，抑或在当前管理日趋标准化的过程中遇到了问题如何解决，这都是需要讨论的。海洋标准化管理部门对于标准的实施水平有一定的要求，只有达到一定的标准水平，才能够进行后续的修订和改进工作。同时，不是盲目地对标准进行修订和改进，而是根据使用者反馈的问题和意见，有针对性地进行修订和改进，从而使标准更加贴近实际应用情况。标准的修订和改进，都是为了更好地指导实际工作，提高工作效能，可以将一些不能完全被定为行业标准的，暂设定为"单位内部作业文件或系统内部技术规程"②。所以海洋标准化管理部门的工作不是

① 《生态环境损害赔偿制度改革方案》，http://www.gov.cn/zhengce/2017 - 12/17/content_5247952.htm，最后访问日期：2017 年 12 月 17 日。
② 张博、袁玲玲、王颖：《海洋环境监测标准实施水平评价》，《海洋开发与管理》2016 年第 5 期。

为了完成制定标准的任务，而是为了服务实际工作，推动海洋产业的健康发展。

所谓标准，是指"通过标准化活动，按照规定的程序经协商一致制定，为各种活动或其结果提供规则、指南或特性，供共同使用和重复使用的文件"①，其又一属性是"规范性，具有规范效力"②。而标准可用以"鼓励追求或者实现特定价值、目标或结果的工具，但并不具体规定为此需要开展的举措"③。一般而言，生态环境损害认定机制只是更为广泛的规制标准中的子集，同样需要法律的参与。标准只有在法律的支持下才具有法律上的强制力，从而实现其规范、指导和管理的功能。因此，在标准制定和实施的过程中，需要遵循国家和地方相关法律法规的规定，确保标准的合法性和有效性。法律的实施也需要标准的支持，通过制定标准，明确相关的技术规范和标准化工作机制，可以更好地保障法律的实施效果。标准和法律不是孤立的，而是相互作用的。标准的制定和实施需要法律的支持，而法律的实施也需要依托标准，二者相互依存、相互促进。标准和法律的制定和实施，应该在充分沟通和协调的基础上进行，如此才能提高标准和法律的整体效能。

从这个意义上讲，广义的规制包含了竞争政策和产业政策。④ 海洋生态环境损害认定须逐渐朝着标准化管理方向前进，并构建起政府和社会（包括市场）之间的有机整体，"达到环境与经济双赢目标"⑤，如此才能够确保海洋环境保护目标的实现，同时以成本更低、技术专业性更强、各主体接受度更高的方式"促进竞争维护市场机制的有效运行"⑥。环境保护需要政府的监管和法规的支持，同时也需要市场竞争的激励。政府的监管和法规可以为市场竞争提供公平的竞争环境，使得那些环保意识强的企业能够在市场上获得更多的竞争优势。市场竞争也可以促进企业的环保意识和技术水平的提高，从而更好地实现环境保护的目标。

① 《标准化工作指南第 1 部分：标准化和相关活动的通用术语》（GB/T20000.1 - 2014）。
② 柳经纬：《标准的规范性与规范效力——基于标准著作权保护问题的视角》，《法学》2014 年第 8 期。
③ 科林·斯科特：《规制、治理与法律：前言问题研究》，安永康译，清华大学出版社，2018。
④ 乔岳、魏建：《波斯纳与佩尔兹曼对规制经济学的贡献》，《经济学动态》2019 年第 8 期。
⑤ 和军、谢思：《改革开放以来我国规制经济学研究演进》，《经济问题探索》2019 年第 7 期。
⑥ 乔岳、魏建：《波斯纳与佩尔兹曼对规制经济学的贡献》，《经济学动态》2019 年第 8 期。

二 海洋生态环境损害认定机制标准内容的构建

（一）标准越定越细是否合理？

有关海洋环境保护的标准，目前已有国家标准18项，行业标准20项，质量标准有《海洋生物质量》《海洋沉积物质量》《海水水质标准》等，评价标准有《海洋工程环境影响评价技术导则》《海水综合利用工程环境影响评价技术导则》《近岸海洋生态健康评价指南》等8项，这些标准"不是相互孤立、互不相干的"[①]，而且互相联系的。目前有主张认为，法律规制的标准应该越定越细才合理，此前由于将一般原则或宽泛标准作为规制体系的基础，才放纵了某些行为并最终使得海洋环境污染越来越严重，而更为详尽的规则或许能够阻止海洋环境的逐渐恶化。那么标准越定越细是不是就合理了呢？

如今环境污染和环境侵权现象日益突出，研究者们对应当遵循"一般性标准"还是详细性标准的问题争论不休。事实上这不是一个可以一分为二或者完全对立的问题，要使标准在这个过程中发挥实效，有赖于标准本身的可靠性、有效性与可信度，那么首先就要正确认识生态环境损害发生的特定社会与经济情境，在法律上"创制专门环境侵害责任"[②]，构建环境侵害责任制度，将环境保护纳入法律和制度范畴，加大对环境的保护力度，防止环境侵害的发生和扩大。环境侵害责任制度应当明确规定环境侵害行为的认定标准、侵害责任的承担方式、赔偿的计算方法等，使环境保护成为一项有法可依、有章可循的法律制度。

生态环境损害认定机制的标准化应当以"一般性标准"为主导，然后根据具体情形做出精微的调整，这个过程一定要提升法律调控的开放度，事实上扩大而非缩小裁量空间，"第一，制度要能发挥作用，一定需要人的支持；人的素质愈高，就能支持愈精致的制度。第二，制度的孕育发展，往往需要相当长的时间，而不是成于旦夕之间"[③]。

---

① 郭小勇、徐春红、袁玲玲、张志峰：《海洋环境保护标准体系框架构建探讨》，《海洋环境科学》2013年第1期。
② 吕忠梅：《"生态环境损害赔偿"的法律辨析》，《法学论坛》2017年第3期。
③ 熊秉元：《解释的工具——生活中的经济学原理》，东方出版社，2013。

这里应当清楚，标准并不是"僵化"的代名词，而是规则本身预见性的重要体现，而模糊的标准会增加执法乃至守法成本。但标准过于详细或过于严苛，会出现无法应对客观事实的困境，宽泛的自由裁量权会导致"规制俘获现象的出现"[①]。纯粹列举式的标准中难以包含日渐复杂的环境污染现象，在这种标准下对海洋生态环境损害赔偿的评估只会使可靠性降低，"应以修复为基本原则"[②]，毕竟其目的是恢复海洋生态系统的生态功能，保持生态系统的完整性和稳定性，维护人类的生存环境和生态福祉。

（二）应当充分考虑标准国际化

目前，海洋生态环境损害已成为全球性问题，有关海洋环境污染的国际性事件也愈发频繁。在著名的亚速尔群岛事件[③]中，相关主体因涉嫌拖网破坏环境而被取消渔业资格，因为海洋生态环境损害已经扩展到沿海乃至更远的海域地区，但此事件也表现出目前的生态环境损害纠纷变相加重了普通渔民的生存权与环境损害认定之间的冲突。而"威望号"漏油事故涉及七万吨以上的石油泄漏，对法国海岸造成了严重的海洋生态环境损害。卡尔塔托斯诉希腊[④]一案则展现了新的城市发展造成的近海湿地土地的恶化问题。

海洋生态环境损害认定的法理依据是海洋法，其结构复杂，在某种程度上是对海洋生态系统复杂性的回应。海洋生态环境损害与陆上海洋生态环境损害有着不同的特点，体现在两方面。一是控制污染范围难度更大。与陆域事故不同，在海上溢油及危化品泄漏事件中，污染物直接入海并立即随着海流扩散，未留下缓冲的余地，而且海上应急装备、人员的调集较为复杂，采取措施控制污染范围难度大。二是海上污染处置专业性要求更高。海上油气勘探以及应急处置的专业性非常强，事故污染源的确定、污染的控制与治理，都需要非常专业的人员队伍和技术装备。所以海洋生态环境损害认定机制构建需要遵守一项被认可的技术标准，还要求被规制者提供遵守法定要求的证据。清洁产业和污染密集产业的环境

---

① 余光辉、陈亮：《论我国环境执法机制的完善——从规制俘获的视角》，《法律科学（西北政法大学学报）》2010 年第 5 期。

② 刘晓华：《美国自然资源损失赔偿制度及对我国的启示》，《法律适用》2020 年第 7 期。

③ Região autónoma dos Açores v Council of the European Union, Case T-37/04 1 July 2008.

④ López Ostra vs. Spain, no. 16798/90（1994）. http://hudoc. echr. coe. int/eng? i=001—57905.

规制程度不同，由于它们所涉及的产业链条、技术水平、能源消耗等方面存在差异，所以敏感度也不同，"因此弹性的污染排放政策是有必要的"①。加之海洋的特殊属性，标准的国际化是日后的趋势之一。

早在 1990 年美国国会通过的《油污法》中便涉及对自然资源损害乃至个人财产损失的认定，而在 1986 年的《综合环境反应、补偿和责任法》中专门提到了自然资源损害评估制度，还有专门的一套规则被称为"DOI 规则"。充分考虑国际化因素，是完善海洋生态环境损害认定机制的关键所在，"应吸收借鉴发达国家环境规制立法、执法经验，进一步提升环境规制强度，引导企业通过研发创新实现自身绿色转型发展，最终实现环境保护和产品附加值提升的目的"②。

目前海洋环境质量标准实施已久，但海洋环境污染现状与海洋环境保护技术发展已今非昔比，现行标准已经不能满足日益复杂的局面的要求，所以急需开展修订工作。应当充分考虑国际标准、国外先进标准，引用最新标准。对此，最高人民法院民四庭负责人就《最高人民法院关于审理海洋自然资源与生态环境损害赔偿纠纷案件若干问题的规定》答记者问时提出，要"规范统一裁判尺度、全面加强海洋环境司法保护的需要。海洋环境污染的源头非常复杂，除了船舶排污，还有陆源污染以及海洋石油勘探开发、海洋工程等各类开发利用活动排污"③。我国已经加入《1992 年国际油污损害民事责任公约》与《2001 年国际燃油污染损害民事责任公约》，并于 2011 年专门发布了《最高人民法院关于审理船舶油污损害赔偿纠纷案件若干问题的规定》，在船舶油污损害赔偿认定方面建立了相对健全的制度。

三 海洋生态环境损害认定评估主体多样化

（一）以推荐性标准与企业团体标准为主，以强制性标准为辅

目前标准的分类有以下几种，根据对象、属性等划分细则，大致可以

---

① 傅京燕：《环境规制会影响污染密集型行业出口贸易吗？——基于中国面板数据和贸易引力模型的分析》，《经济学家》2014 年第 2 期。

② 谢乔昕：《环境规制、规制俘获与企业研发创新》，《科学学研究》2018 年第 10 期。

③ 《依法审理海洋自然资源与生态环境损害赔偿纠纷案件服务保障海洋生态文明建设》，http://www.court.gov.cn/zixun-xiangqing-76512.html，最后访问日期：2018 年 1 月 5 日。

分为"一是强制性标准，……二是推荐性标准，……三是企业标准和团体标准，属于同一类型"①。所以标准本身存在多重性质，如何取舍关系到标准体系的有效性。如何避免选择错误的两分法，结合各自的优越性进行综合考量显得尤为关键，争取发挥"相辅相成、协同共生"的作用②。《中华人民共和国标准化法》（以下简称《标准化法》）第二条专门规定："强制性标准必须执行。国家鼓励采用推荐性标准。"另外《标准化法》第二十一条规定："推荐性国家标准、行业标准、地方标准、团体标准、企业标准的技术要求不得低于强制性国家标准的相关技术要求。国家鼓励社会团体、企业制定高于推荐性标准相关技术要求的团体标准、企业标准。"

2021 年 2 月 1 日起《生态环境标准管理办法》开始施行，其中第五条专门提到"推荐性生态环境标准被强制性生态环境标准或者规章、行政规范性文件引用并赋予其强制执行效力的，被引用的内容必须执行，推荐性生态环境标准本身的法律效力不变"。《生态环境标准管理办法》第二十一条、第二十二条、第二十四条、第四十一条等虽然没有特别说明损害赔偿认定标准，但是在提到海域排放标准时特别注明了对于特定海域的适用。

关于这个对特定海域的适用，最高人民法院民四庭负责人在讲话中提到"其他海洋环境污染方面则缺乏具体规定（《中华人民共和国海洋环境保护法》仅第八十九条第二款对海洋自然资源与生态损害赔偿作出原则性规定），海事审判在船舶油污损害赔偿以外的其他海洋自然资源与生态环境损害赔偿方面亟待加强规范"③。因为海域的特殊性，在标准制定过程中引入竞争机制可以弥补市场的不足，市场的介入可以更好地突出参与主体的关切，适用过多的强制性标准不利于问责机制的完善，会出现更多问责过度的情况。标准属于推荐性标准或企业团体标准时，可以实现非政府组织监督，鼓励不同利益团体参与，平衡各方力量，使标准更好地与海洋环境本身兼容，"在缺乏环境规制的情况下，企业在生产经营决策中主要考虑其内部经济性，很少顾及其生产的外部性问题。只有当企业受到环境规制约束

---

① 柳经纬：《标准的类型划分及其私法效力》，《现代法学》2020 年第 2 期。
② 廖丽、程虹：《法律与标准的契合模式研究——基于硬法与软法的视角及中国实践》，《中国软科学》2013 年第 7 期。
③ 《依法审理海洋自然资源与生态环境损害赔偿纠纷案件服务保障海洋生态文明建设》，http://www.court.gov.cn/zixun-xiangqing-76512.html，最后访问日期：2018 年 1 月 5 日。

时，企业才有可能将环境效应纳入自身经营决策中，从而对研发投资决策以及技术研发方向产生影响"①。

（二）评估主体应当多元化

密度和技术性可以使法律不必远离日常事务。海洋生态环境损害赔偿认定在专业部门或领域内会出现不同的认知，可能会出现相互竞争的现象。《标准化法》第十五条规定："在制定过程中，应当按照便捷有效的原则采取多种方式征求意见，组织对标准相关事项进行调查分析、实验、论证，并做到有关标准之间的协调配套。"《生态环境标准管理办法》第七条提到制定标准要"广泛征求国家有关部门、地方政府及相关部门、行业协会、企业事业单位和公众等方面的意见，并组织专家进行审查和论证"。标准制定主体正趋于分散化，标准制定中的可问责性导致标准体系处于多重机制监督之下，那么市场的反馈也能对非政府标准制定提供成本收益评估，"适当有效的环境政策可以提升污染密集型行业商品的出口比较优势"②。

当前许多标准的制定与标准的采纳和标准的适用并不完全统一，主体之间的竞争为标准本身赢得了更多的信任，"应充分重视规制俘获活动对于环境规制经济后果的扭曲作用。过度的规制俘获行为可能会阻断环境规制的创新激励效应。在提升环境规制强度过程中，应循序渐进地加以推进，如果企业特别是重污染行业企业短期内承受过高的环境成本，会使企业更多倾向于规制俘获而非研发创新以应对环境规制，最终破坏环境规制强度提升对于研发创新的激励机制"③。

那么鉴于海洋环境的特殊性，在海洋生态环境损害认定方面，如能充分发挥市场主体作用，就可以获得很好的信息反馈，因为海洋环境的互动性决定了我们很难将法律关系当作某个固定的动态事物来看待。另外必须注意财产是一种社会建构，因此要依靠一个强大的"共享型社会"来保护其安全，"既然人是理性而自利的，就确实会慢慢摸索出这种新规则的优越性。……第一，人会把某些事情规则化；而且，对于众多规则而言，人会

① 谢乔昕：《环境规制、规制俘获与企业研发创新》，《科学学研究》2018 年第 10 期。
② 傅京燕：《环境规制会影响污染密集型行业出口贸易吗？——基于中国面板数据和贸易引力模型的分析》，《经济学家》2014 年第 2 期。
③ 谢乔昕：《环境规制、规制俘获与企业研发创新》，《科学学研究》2018 年第 10 期。

以更高层次的规则来统御这些规则。第二，规则化本身就反映了'成本'的概念，人会设法降低自己行为的成本。而且，对于各式规则的运用，也会有成本上的考虑"①。

不同利益相关者从自身利益出发参与多边互动，这就更需要政府提供一个平台使不同主体之间能共享信息，协商有助于传递海洋环境保护相关领域的主要专业知识，"降低监管部门被寻租的机会"②。增加信息渠道可以促进海洋环境保护标准的制定，这是因为海洋环境保护标准的制定需要大量的相关信息来支持。一方面，海洋环境保护标准的制定需要全面、准确的数据支持。这包括海洋生态系统的生物多样性、生态环境监测数据、海洋资源开发利用数据等。通过增加信息渠道，可以收集更多的海洋环境数据，并进行系统化整合和分析，为制定科学、可操作性强、适应性强的海洋环境保护标准提供可靠的科学依据。另一方面，增加信息渠道可以促进海洋环境保护标准制定的民主参与和公众监督。公众对海洋环境保护的关注和参与程度越高，相关政策和标准的制定就越能反映公众的期望和利益。例如，可以通过社交媒体、公众听证会等渠道，为公众提供更多的信息和参与机会，从而增强公众对海洋环境保护标准制定的理解和认同，加强公众的监督和参与。总之，增加信息渠道可以提高海洋环境保护标准的制定质量和公众参与程度，从而更好地促进海洋环境保护标准的实施。

另外，要让非政府主体在制定标准的过程中切实受益，让其知道参与本身就是其自身的权利。因为非政府主体的私有性质等其他原因，一旦缺乏执行标准的动力，那么整个标准的有效性就会削弱，所以增强其市场性，也能起到有效反馈的作用，"当环境规制强度超过临界点，其对贸易的影响会发生逆转"③。非政府主体在海洋环境保护领域拥有独特的优势和作用，其的参与可以促进海洋环境保护标准的制定和执行，从而实现真正的双赢。首先，非政府主体在海洋环境保护标准的制定中可以提供独立的意见和建议。这些非政府组织、学术机构和专业协会等中的人通常拥有专业知识和

① 熊秉元：《解释的工具——生活中的经济学原理》，东方出版社，2013。
② 邵利敏、高雅琪、王森：《环境规制与资源型企业绿色行为选择："倒逼转型"还是"规制俘获"》，《河海大学学报》（哲学社会科学版）2018年第6期。
③ 傅京燕：《环境规制会影响污染密集型行业出口贸易吗？——基于中国面板数据和贸易引力模型的分析》，《经济学家》2014年第2期。

经验，可以提供独立的意见和建议，帮助政府机构更全面地了解海洋环境保护问题的本质，从而更科学、合理地制定海洋环境保护标准和政策。其次，非政府主体在海洋环境保护标准的执行中可以发挥监督和推动的作用。这些主体可以通过舆论监督、信息公开、社会参与等方式，加强对政府和企业的监督，推动海洋环境保护标准的全面执行和实施。此外，非政府主体在海洋环境保护标准的制定和执行中可以发挥积极的作用，同时也可以从中获得实际利益。政府、企业和公众可以通过与非政府主体的合作，实现海洋环境保护的可持续发展。

另外，标准制定的质量受多方面因素影响，包括决策者所掌握信息的情况及其专业水准，以及处理信息的能力。加强区域治理、实现区域信息规范化显得尤为重要。除了需要引入市场调控外，基层自治也可以发挥巨大作用，以"实现与环境公益诉讼分工互补的系统目的"[①]。环保与发展、政府与企业之间的关系确实是非常复杂的。一方面，经济的快速发展使环境污染和生态破坏问题日益突出，环保与经济发展之间的矛盾日益激化；另一方面，政府与企业之间的利益关系也使环境保护工作难以得到有效的保障。当前，我国的环境公益诉讼制度已经建立，它是解决环境保护领域的法律问题和保护环境的有效途径之一。然而，环境公益诉讼制度的救济功能有限也是需要被正视的。具体来说，环境公益诉讼制度虽然能够让公众通过法律途径维护环境权益，但它并不能完全解决环境保护问题。这主要是因为，环境公益诉讼制度受到起诉条件的限制，难以适用于所有的环境犯罪行为；同时，环境公益诉讼制度中规定的赔偿额度也有限，往往难以达到真正的惩罚效果。为此，2017 年原国家海洋局发布的《国家海洋局关于开展"湾长制"试点工作的意见》决定，在秦皇岛市、胶州湾、连云港市、海口市以及浙江全省等地开展"湾长制"试点工作。"湾长制"能体现非政府主体对标准正当性的认定，实现其所具有的信息优势。当然，这里并不是要摒弃政府的职能，相反，政府需要进一步设计包容性程序，以此来提升标准的质量并增强正当性，"政府不能只是旁观者，而必须是参与者；可是，参与的权限有多少？通过什么样的机制，可以避免使参与者本

---

① 李树训、冷罗生：《反思和厘定：生态环境损害赔偿制度的"本真"——以其适用范围为切口》，《东北大学学报》（社会科学版）2020 年第 6 期。

身变成问题的来源？显然，经济学者有做不完的功课"①。

结论

海洋生态环境损害认定机制的构建，应以更为科学、标准化的方式进行。大多数海洋法缺乏一个明确的人类维度，已经脱离了基于权利层面的话语，甚至其宽泛原则的标准备受指责，这其实有悖于当前损害认定标准制定的发展趋势。另外，许多海洋法未能捕捉到人类与海洋的广泛联系，海洋产权制度缺乏与海洋的物质联系，阻碍了法律向海洋资源管理问题的延伸。如能运用好标准与规范的理论，既能节约成本，也能提高不同主体调控社会和经济活动的能力，从而发挥好自身专业化的属性，从某种程度上实现海洋环境保护方面新的治理平衡。

---

① 熊秉元：《解释的工具——生活中的经济学原理》，东方出版社，2013。

生态世界观视阈中海洋渔村生态环境的变迁及其原因

——以 XL 岛的秀村为例[*]

唐国建[**]

摘　要： 在生态世界观视阈中，海洋渔村生态环境是由影响海洋渔民在海洋渔村这个生境中生产生活的生态因子所构成的有机体。海洋渔村生态环境变迁的表现不是外在于村庄的海洋自然环境的变化，而是影响村民在渔村这个生境中的功能关系的那些生态因子的变化。案例研究表明，"被人为分割的海域""海洋资源可获得性的削弱""海洋工程的连带影响""被污染的浅滩"等就是改变渔村"生态位宽度"的生态因子，而"海洋的自然性变化""渔村外部力量的干预""渔村内部的变革"等则是导致这些生态因子改变的自然因素和社会因素。

关键词： 生态世界观　海洋渔村　生境　生活意识

一　生态世界观视阈中的海洋渔村问题

生态世界观是人们反思生态危机的产物。生态世界观是人类理解客观世界的一种观念，"生态哲学作为生态世界观，……是运用生态学的基本观点和方法观察现实事物和理解现实世界的理论"[①]。与传统的机械世界观相

---

* 本文为国家社会科学基金一般项目"我国海洋渔村生态环境变迁的环境社会学研究"（14BSH043）的研究成果。

** 唐国建，哈尔滨工程大学人文社会科学学院教授、硕士生导师，主要研究方向为环境社会学、海洋社会学。

① 余谋昌：《生态哲学》，陕西人民教育出版社，2000，第33页。

比，生态世界观有三个不同的思想原则：①世界是由关系网络组成的有机整体；②世界是动态有序的整体；③人类更大的价值和意义包含于自然整体的自组织进化过程之中①，即"生态世界观就是以整体的、动态的、相互联系的观点看待整个世界"②。从"世界的无限性和活动的无穷性"转向"世界的有限性和活动的局限性"，正是人们从生态学的视角审视地球环境以及人类行为的结果。③ 因此，作为生态世界观理解现实世界所有生态环境问题的两个基本视角，"整体性和有限性"在本研究中的运用体现为对海洋渔村及其渔民在海洋生态系统中的定位问题。

首先，在海洋这个整体的有机体中，海洋渔民与其他依靠海洋资源生存的种群（如海鸟、北极熊）一样都是海洋生物种群中的一种，而海洋渔村作为一个依赖海洋资源的人类生活共同体，是海洋渔民的栖息地或生境，属于海洋生态系统中的一个子系统。因此，海洋自身的变化状况，如海水温度上升、海平面上升等，属于海洋整体系统的变化，不是海洋渔村生态环境的变化，而是海洋渔村生态环境变化的原因。只有与海洋渔民相关的生态因子发生变化，才是海洋渔村生态环境本身的变化。如渔民们生产活动的海域被划分为不同的功能区，这就好比一只蚂蚁有一个5平方米的生产活动区，这个生产活动区是它的生境的一部分，现在有人用几根棍子将这个生产活动区隔成了几个不同的区域，那么，尽管这个区域在自然地理上没有发生什么变化，但是对于这只蚂蚁来说，它的生境显然发生了变化。如果它要继续在这个生产活动区中获取生存资料，它就必须改变原来的行动路线和工作方式等来适应这个改变了的环境。

其次，海洋环境及其资源是有限的，这就意味着海洋渔村的发展和海洋渔民的活动不仅在范围上是有限的，而且在程度上也是有限的。具体到某个海洋渔村而言，那就是这个海洋渔村中的村民只能在一定范围内进行有限度的活动，一旦超过了这个范围和限度，就必然会导致海洋渔村这个生境发生变化。如村民们将原来的小型渔船更换成大型渔船，这种变化在社会学意义上是提高了生产力，在生态学意义上则是扩大了渔民的生境范

① 佘正荣：《生态世界观与现代科学的发展》，《科学技术哲学研究》1996年第6期。

② 李太平：《论社会发展生态化趋势对德育的影响》，《教育理论与实践》2001年第8期。

③ 斯米尔诺夫、黄德兴：《生态世界观的转变》，《国外社会科学文摘》1995年第9期。

围。同样，一旦有外来的力量入侵海洋渔村这个生境，也必然会因为竞争或超出了这个生境的承载力而导致村庄生态危机的产生。

因此，在生态世界观的视阈中，海洋渔村就是海洋渔民生存与发展所依赖的生境或栖息地，海洋渔村生态环境是由影响海洋渔民在海洋渔村这个生境中生产生活的生态因子所构成的有机体。这些生态因子既有自然性的，如浅滩、淡水等，也有社会性的，如各种外来社会力量的干预。在具体的形式上，这些生态因子构成的就是海洋生态环境和陆地生态环境，也就是海洋渔村生态环境的两个组成部分。其中，陆地生态环境不仅给渔民提供了居住场所，也给渔民提供了基本的生产和生活的条件，如渔船的制造、渔网的修补、生活资料的交换等。而这些条件与人类整体社会紧密相关，所以，社会制度、文化习俗等变化会影响海洋渔民的生产与生活。海洋生态环境则为海洋渔民的生产和生活提供自然条件，其也就是海洋渔民生存发展的物质基础。

所以，生态世界观视阈中的"三渔"问题，首先是一个生态问题，然后是一个经济问题，最后才是一个社会问题。对一个具体的海洋渔村而言，生态问题主要体现为海洋生态系统的变化对海洋渔业发展的影响，当然，人类对海洋生态环境的改变也属于海洋生态系统变化的一部分。经济问题主要体现为海洋渔业的发展状况对海洋渔民获得生存资料的影响，即海洋渔业生产量的变化，不仅直接影响渔民的食物来源，也影响他们获得其他生活必需品的机会。社会问题主要体现为作为一个人类生活共同体的海洋渔村所面临的解体困境，即渔民离开渔村或者在渔村中从事与海洋渔业不相关的经济活动。这三个问题是一个统一体，生态问题是原生问题，后两个问题是次生问题。因此，要考察海洋渔村的变迁，就必须研究海洋渔村所依赖的生态环境的变化状况。

自然科学研究表明，海洋自身的变化会导致海洋生态系统的变迁。[①] 当然，人类行为对海洋生态系统的影响很早就有了[②]，只不过随着人类开发海

---

① Schmittner and Andreas. "Decline of the Marine Ecosystem Caused by a Reduction in the Atlantic Overturning Circulation". *Nature* , 2005, pp. 628 – 633.

② J. M. Erlandson and T. C. Rick. "Archaeology Meets Marine Ecology: The Antiquity of Maritime Cultures and Human Impacts on Marine Fisheries and Ecosystems". *Annual Review of Marine Science*, 2010, p. 231.

洋程度的加深，这种影响在突显，而同时被改变了的海洋生态系统反过来也在加剧影响着人类社会。在人类的行为中，围海造田无疑是影响海洋生态系统最直接的行为。案例研究表明，"2009～2020 年舟山因围填开发活动而造成的生态损失价值为 348.764 亿元，生产要素总价值为 5535.876 亿元，生态补偿的总价值为 5884.640 亿元"①。因此，不管从哪个学科角度出发，"人类行为是改变海洋生态系统的主要根源之一"都是一个共识。正因如此，海洋渔村实现绿色发展的根子还是在渔村的"内生性发展"②，不能将希望寄托于外在的环境转变。

遗憾的是，国内在关于海洋渔村的生态学视阈研究方面，环境社会学和海洋社会学的成果非常少。其他与生态学相关的分支学科的研究则更多地展现了各自学科的独特视野。与本研究最直接相关的无疑是海洋人类学的研究。海洋人类学对渔业社区的生计方式、社会组织结构等传统学科问题都有着深入的研究，但在全球化脉络和现代化进程之下，海洋人类学的研究话题正在发生从"渔业社区"到以产权和管辖权为核心的"海权问题"的转向。③ 文化人类学的个案研究表明，海洋生态系统是产生沿海渔民特有的工作关系、生产组织方式、社会文化结构模式的原因。④ 在生态人类学的视角下，海洋渔村的经济、社会和文化都具有明显的海洋性特征⑤，其社会变迁也与海岸带资源开发等引起的海洋生态环境变迁密切相关⑥。这些研究成果都为本研究提供了重要的分析元素。

---

① 陈小芳、徐霞、赵晟：《围填海开发活动的生态补偿价值研究——以舟山为例》，《农村经济与科技》2017 年第 5 期。

② 林巧、张信国、肖威：《绿色渔业视角下海岛渔村振兴路径研究——以舟山市为例》，《浙江海洋大学学报》（人文科学版）2018 年第 5 期；单大超：《乡村振兴战略背景下海岛渔村振兴策略研究——以长海县獐子岛镇褡裢村为例》，《河北渔业》2021 年第 3 期。

③ 赵婧旸、张先清：《从渔业社区到海权问题：国外海洋人类学研究述评》，《广西民族研究》2016 年第 4 期。

④ 王利兵：《文化生态学视野下的海洋生计与文化适应——以海南潭门渔民为例》，《南海学刊》2016 年第 1 期。

⑤ 曾少聪：《生态人类学视角下东南地区的海洋环境与沿海社会》，《云南社会科学》2012 年第 5 期。

⑥ 吴振南：《海岸带资源开发与乡民社会变迁：以竹塔村为中心的生态人类学研究》，中国社会科学出版社，2014。

二　研究方法与研究案例

（一）研究方法

本研究所采用的第一种研究方法是参与观察法，该方法主要用于资料的搜集。中国村落既是一个以人际关系为核心的微观社区，又是一个包含着"历史的个性"的乡土社会。对于绝大多数村落研究而言，参与观察可能是最理想的也是现实中运用最多的一种研究方法①。

当然，参与观察法最重要的是参与观察者的角色问题。根据涉入程度与是否显露这两个维度②，可将参与观察者分成四类：隐蔽的局外观察者、公开的局外观察者、隐蔽的参与观察者和公开的参与观察者。其实，在现实生活中，隐蔽的局外观察者在熟人性质的乡土社会中是很难实现的，而公开的参与观者则会影响到资料获得的信度等问题。所以，绝大多数研究者对村庄的参与观察都是公开的局外观察或者隐蔽的参与观察。公开的局外观察者是通过公开研究者自己的身份却不参与到实际生活中去的方式来扮演，而隐蔽的参与观察者则是以其他身份而不是研究者的身份且隐藏研究目的去参与到被调查者的实际生活中的方式去扮演。本研究主要采取这两种方式来进行，而且有的时候往往是在同一次实地研究过程中前半段扮演隐蔽的参与观察者，后半段扮演公开的局外观察者。在调查之后，通过对比前后所获得的资料可以发现一些非常好的素材。

本研究所采用的第二种研究方法是比较法中的共变法，该方法主要用于资料的分析。迪尔凯姆认为，"在各种比较方法（包括剩余法、求同法、求异法和共变法）中，只有共变法适用于社会学的因果分析"③。这与迪尔凯姆对社会事实的规定性有关。在迪尔凯姆那里，"心理的社会事实"并不是社会学要研究的对象。但是"人之间的意识状态是存在共性的，既然存

① 张文江：《乡土社会人际交往的规则惯习——对 N 地"年夜酒"的研究》，《社会》2002 年第 9 期。
② 风笑天：《论参与观察者的角色》，《华中师范大学学报》（人文社会科学版）2009 年第 3 期。
③ 梁向阳：《论迪尔凯姆的社会学研究方法》，《社会学研究》1989 年第 1 期。

在共性，就可以从个人的意识状态中来寻找对社会事实的解释原因"①。因此布迪厄就主张将迪尔凯姆反对的"行为者的浅见和成见"共同作为社会事实来研究。② 而本研究借用的主要分析工具是生活环境主义的"生活意识"③，在本质上也是带有个人主观意愿的"行为者的浅见与成见"。这是因为所有的实地调查所获得的资料绝大多数都是带有个人主观意愿的，不管是访谈还是参与观察。这种主观性既可能是被调查者的个人意识，也可能是调查者的学术立场。

比较法在本研究中的具体运用主要体现在两个方面：一是同一海洋渔村的纵向比较，即运用历史比较法来审视同一事件或问题在同一渔村中的发展变化，找到引起前后差异的原因所在；二是不同村庄的横向比较，即比较不同区域的两个渔村或一个渔村和一个土地型村庄在同一社会时期的发展脉络或同一政策的影响，来发现共同的特征。这也是迪尔凯姆的共变法所强调的，"采用这种方法，不必把所有不同现象一一排除，然后再作比较，而只需要把两种性质虽然不同，但在某一时期内有共变价值的事实找出来，就可以作为这两种事实之间存在一种关系的依据"④。因此，除了选取的案例，本研究在分析时还借鉴了以往调研村庄的经验资料。

（二）研究案例

本研究以海岛渔村秀村⑤为实地调研的主要对象。秀村位于福建省福州市 HT 岛西北部 XL 岛上，地理位置参见图 1。自 2011 年平潭海峡大桥正式建成通车之后，HT 岛其实就不再是一个实际意义上的"海岛"了。但是其他有人居住的小岛至今并没有通车，对外的交通工具仍然是轮渡或渔船。

---

① 陈旭峰：《对迪尔凯姆社会学方法论基本原则的评价——以〈自杀论〉为例》，《长春工业大学学报》（社会科学版）2010 年第 1 期。
② 朱伟珏：《社会学方法新规则——试论布迪厄对涂尔干社会学方法论的继承与超越》，《浙江社会科学》2006 年第 5 期。
③ 详细内容请参见鸟越皓之《日常生活中的环境问题》，徐自强译，《现代外国哲学社会科学文摘》1988 年第 3 期；鸟越皓之、闫美芳：《日本的环境社会学与生活环境主义》，《学海》2011 年第 3 期。
④ 梁向阳：《论迪尔凯姆的社会学研究方法》，《社会学研究》1989 年第 1 期。
⑤ 涉及实地调查的乡镇以下的地名以及人名，按学术要求都进行了技术性处理。

尽管海峡二桥也通车了，但是它所经过的小岛很有限，主要就是秀村所在乡镇的两个海岛，即乡政府所在的岛和 XL 岛。这也是本研究选择调查秀村的主要原因，即秀村所在的 XL 岛处于中间状态，既有自然孤岛的特征，又受到城市化等外在因素的强大干扰。

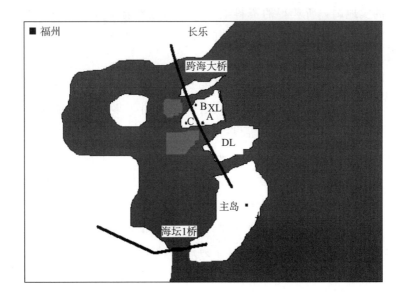

图 1　XL 岛的地理区位

注：在实际的比例上，XL 岛要小很多。图中 DL 岛就是乡政府所在的岛，XL 岛在行政上归 DL 乡管辖。A 为东村，B 为西村，C 为秀村。两块浅灰色的区域为 XL 岛渔民主要的作业区。

秀村所在的 XL 岛按岛屿划分标准①来看，属于基岩岛、沿岸岛、小

① 基岩岛是由固定的沉积岩、变质岩与火山岩组成的岛屿。该类型的岛占全国海岛总数的 93%。基岩岛由于港湾交错、深水岸线长，是建设港口和发展海洋运输业的理想场所。泥沙岛是由沙、粉砂与黏土等碎屑物质经长期堆积作用而形成的岛屿。珊瑚岛是由珊瑚遗骸堆积并露出海面而形成的岛屿。沿岸岛是指岛屿分布的位置位于大陆不足 10 公里的距离内的海岛；近岸岛是距离大陆大于 10 公里且小于 100 公里的海岛；远岸岛是距离大陆大于 100 公里的海岛。特大岛的面积大于 2500 平方公里，大岛的面积介于 100～2500 平方公里，中岛的面积介于 5～99 平方公里，小岛的面积介于 0.05～4.9 平方公里，微型岛的面积小于 500 平方米。河口岛是指位于河流入海口附近的岛屿；湾内岛是指分布在海湾以内的岛屿；海内岛是指分布在海湾以外，离大陆海岸的距离在 45 公里以内的海岛；海外岛是指分布在海内岛以外，离大陆海岸的距离超过 45 公里的岛屿。参见刘乐军等《中国海岛典型地质灾害类型及特征》，海洋出版社，2015，第 19～27 页。

岛和湾内岛。第一，在物质组成上，全岛主要为上侏罗流纹岩、熔结凝灰岩构成的丘陵，因此可用于种植的土壤很少，因为淡水相对稀缺，岛上的植被以灌木丛为主，而且岛的四周滩涂面积仅有 0.145 平方公里。第二，在离岸距离上，参照图 1，物理距离只有 5.7 公里，而且轮渡的时间在 1 个小时左右，因而属于沿岸岛。第三，在面积上，全岛总面积只有 2.644 平方公里，属于小岛，小岛能够容纳的总人口数有限。第四，在所处位置上，XL 岛正处于海湾的边沿线上，可算作湾内岛，正是这个特殊的地理位置使得小岛成了一个重要的交通枢纽。①

综括来看，XL 岛的生态系统具有海岛的经典特征之一，即生态脆弱性的特征。② 在生态世界观的视阈中，不同类型、不同程度的自然干扰和人为干扰及其相互作用都会加剧海岛的生态脆弱性。很明显，海岛渔村的开放性程度越高，生态脆弱性就越强。所谓开放性，是指村庄所依赖的环境系统与它之外的系统的互动状况。开放性越强，意味着渔村的环境系统与外界的交往就越紧密、越频繁。

作为 XL 岛的一部分，秀村生态环境的特征与海岛是一样的。目前岛上共有 3 个行政村，分别是秀村、西村和东村，各位于 XL 岛的西南、北部和东南方位，每个村庄都有一个码头。但海岛与外界往来的唯一交通码头设在秀村的村头（见图 2），所以秀村社会环境的开放性程度相比于其他两个村要高一些。秀村村庄周围没有滩涂，都是岩石和峭壁，村民唯一的生存资源就是海域中的生物资源。秀村的这两个特点对村庄发展和村民行为选择都有明显的影响。总之，海岛渔村生态环境的主要特征就是生态脆弱性，这种脆弱性既体现在对抗海洋环境自身的变化上，也体现在对抗社会环境的干扰上。

---

① 据《闽都记》《福州府志》记载，五代时就有人定居于此岛。宋元时"居民环聚辐辏，商舶多会于北"，复号"小扬州"。参见福建省地名委员会、福建省地名学研究会编纂《福建省海域地名志》，广西地图出版社，1991，第 134～135 页。

② 海岛的特殊性有 5 个方面：独立性、完整性、脆弱性、特殊的生态系统和易受干扰。详情参见刘乐军等《中国海岛典型地质灾害类型及特征》，海洋出版社，2015，第 3～4 页。这 5 个方面的特征在生态环境上都可以说是生态脆弱性。

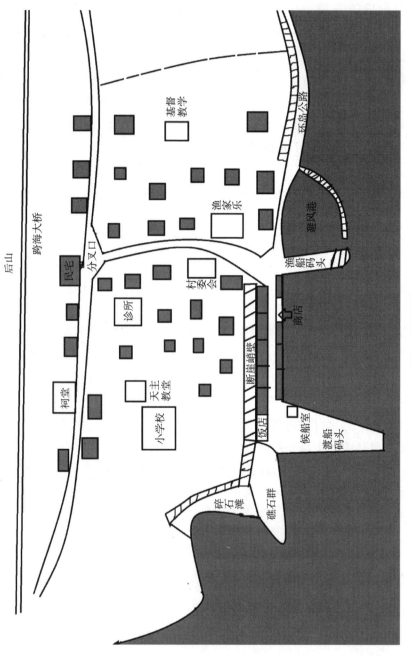

图 2　秀村结构

三 海洋渔村生态环境变迁的表现

（一）海洋渔村的海洋生态环境变迁

海洋渔村的海洋生态环境是指渔村的外部自然环境和内部自然环境中由海洋生产区域组成的自然环境，不包括浅滩（滩涂和浅水区）。在渔民们的日常认知体系和国家的法规体系中，浅滩都属于耕地的后备资源，属于《土地法》中规定的对象，被归为村庄的陆地生态环境。因为海域的所有权属于国家，所以，从权属上看，海洋渔村的外部自然环境是指由使用权不属于村庄的所有海域所构成的生态系统，而内部自然环境则是指由使用权归属于渔村的海域所构成的生态系统。在这个维度上，海洋渔村的海洋生态环境变迁主要表现为以下特征。

1. 被人为分割的海域

不管从哪个角度看，海洋都是一个不可分割的整体。将海洋划分成不同的功能区域并不是一个事实，即"航道"并不是海域本来就具有的功能，而是因为这一海域与人类航海的能力和需求相吻合而被人类确定为"航道"，这是典型的基于人类中心主义的一种认知结果。在认知上被划分得越详细的海域，就表明人类掌控这些区域的程度就越高。因此，约占据海洋总面积89%的"洋"只被简单地划分成了五大块即五大洋，而占11%的"海"不仅依据距离大陆的远近而被划分为边缘海、内陆海、地中海，而且每种"海"因为特殊的地理位置或人文历史又被划分为不同的海域，如中国的海被划分为四大海域：南海、东海、黄海、渤海。这些海域因为人类使用方式的不同又被划分为养殖区、捕捞区、交通区、保护区、旅游区等。为了保证这些区域能够充分地被人类所用以满足人类所需，人们制定了一系列相应的法律法规来确定这些区域的功能性质。在社会层面，这些法律法规的本质是给人类使用相应的海域提供合法性依据。但在自然层面，这些人为的功能规定并不符合自然规律。

对于区域性人类生活共同体的海洋渔村而言，被人为分割的海洋既有好的一面也有坏的一面。首先，不管是哪一种类型的海洋渔村都有一定的地域性限制，在面对外部竞争时都需要一定力量来保护自己的利益，所以，内水、领海、专有经济区等带有强烈"私有"性质的海域就给了它们合法地获取自己"领地"（村庄内部自然环境）的空间，而公海自由制度则给海洋渔村村民提供了在村庄外部自然环境中无偿获取村庄外部资源的合法性机会。其次，当外部自然环境的污染通过流动的海水破坏村庄内部自然环境时，即海域的人为分割和海水的自然连接相冲突时，或者外来捕捞渔船按照通行自由的原则到其内部自然环境中顺道捕捞时，村民除了默默接受别无他法。他们既阻止不了来自外部自然环境的污染，也改变不了内部资源被掠夺的命运。

对于 XL 岛来说，图 1 中上面的浅灰色区域主要是放定置网捕捞的地方。这个地方是鱼群洄游的主要通道之一，即这条通道是鱼群在外海与海湾之间往来的必经之道。在这块区域中，秀村和西村的渔民在长期的争夺中划定了各自的作业区，即将"历史积淀下来的复杂的利用权"作为划定村庄海域"共同占有权"的依据和内容。但现在，这块作业区的渔获量因受到外海捕捞力量的强大干扰而缩减。

> 我现在放置定置网的这片海域，我们村是和隔壁村（指秀村）在很多年前打了一架才得到的。但我现在之所以能够在这片海域放置定置网，也是因为前些年修公路大桥（指海峡二桥）把上面的定置网给拆了，我们才可以放定置网，否则我们这里是不能弄的。我所放的这些网，除了修桥对渔获量有影响，就是辽宁、山东那边的大型拖网渔船跑到海南那边去捕鱼时经常从外海经过这里。他们是一路拖着网过去的，所以他们经过的时候基本上把鱼都给打光了。没有鱼群从外海进入内湾，我的渔网就捕获不到什么东西。（访谈资料：M20150814BJF）

上述情况对于所有像海岛渔村秀村这样以小规模渔业为主的海洋渔村而言是一样的，没有区域之间的差别。由于鱼群的洄游特性，捕捞时无法限定地域，只能通过发放捕捞许可证的制度来限制大型捕捞船的捕捞种类、捕捞能力和捕捞区域等。但是，这种限制需要强有力的监控力量来保证，而渔政似乎还没有足够的力量或足够的责任来实施这种监控。尤其是在渔民的"说法"中将原来认为是"自己的"或"村庄的"海域变成了"公共的"或"国家的"海域之后，渔民们就更无法找到监控的合法性依据了。

> 我们这片海现在没有私人的了，都是国家的。在休渔期的5、6、7
> 月是不让去捕的。渔政管理处的人除了一般性的巡逻，有时会去抓偷
> 捕的。抓住了就没收你的船。（访谈资料：M20150813YM01）

对于海洋渔村而言，海域的不同功能区划在客观事实上成为村庄外部
自然环境污染和破坏的原因，而且海洋渔村村民无法阻止此类事件的发生。
污染是多方面的，如周围交通运输所带来的噪音会影响鱼群选择洄游的路线，
有时也能震死养殖区域中的网箱鱼；大规模的赤潮给养殖渔民们带来的损失
往往是血本无归，而且都找不到责任人。有研究显示，就算是离村庄生产区
几百海里的海洋油井漏油导致的整体海域被污染，渔民们养殖区中的所有生
物都因此而死了，渔民们通过追责石油公司来获得赔偿的过程也是极其艰
难的。[①]

所以，从事件发生的逻辑顺序来看，海洋生态环境先是在人类主观认
知上发生了变化，即将海洋划分为不同的功能区域，然后通过人类的实际
行动（如航海、建设跨海大桥、养殖等）将这种变化转变成了一种客观事
实。在海洋渔民的生活意识中，按照鱼群洄游路线进行捕捞是天经地义之
事，也是祖辈传授的经验，但专属经济区制度的实施让渔民发现他们原来
所熟悉的海洋环境变了，即鱼群因海域分割而被分割了，他们的捕捞行动
也因海域分割而被划定为合法的和非法的。[②] 海还是那片海，鱼还是那样洄

---

① 刘慧敏、刘广为、马立志：《论我国海上石油对外合作开采过程中的海洋环境保护——以蓬
莱19-3溢油事故为例》，中国上海，Conference on Environmental Pollution & Public Health，
2012；唐国建、吴娜：《蓬莱19-3溢油事件中渔民环境抗争的路径分析》，《南京工业大
学学报》（社会科学版）2014年第1期；陈涛、吴丽：《蓬莱19-3溢油事件的"问题化"
机制研究——基于建构主义的分析视角》，《南京林业大学学报》（人文社会科学版）2014
年第2期；谢家彪：《墨西哥湾溢油事件中底层环境抗争的社会学分析》，《鄱阳湖学刊》
2016年第4期；陈涛、谢家彪：《混合型抗争——当前农民环境抗争的一个解释框架》，
《社会学研究》2016年第3期。

② 唐国建：《海洋资源再分配与海洋渔民的行为选择——以〈中韩渔业协定〉及其渔警冲突
事件为例》，中国社会学年会暨第三届中国海洋社会学论坛：海洋社会学与海洋管理论文
集，2012；张雯：《中韩渔业纠纷的"社会学想象"》，《中国海洋社会学研究》2013年卷总
第1卷。

游的，为什么他们原来正常的捕捞就变成"违禁"了呢？这是渔民们不能理解的。但事实上，当海洋被人为地分割成不同的功能区之后，海已经不是原来的"海"了！

2. 海洋资源可获得性的削弱

海洋环境是海洋渔民从中获取生存资源的主要的或唯一的场所，所以海洋资源的可获得性是衡量海洋渔村海洋生态环境变化的一个主要指标。按照正常的逻辑，在海洋资源是无穷无尽的前提下，人类从海洋中获取资源的能力越强，获得物就越多。但是，这个逻辑对于区域性海洋渔村及其村民来说却恰恰相反，即人类获取海洋资源的能力越强，区域性海洋渔村（主要指小规模渔业）村民在海洋资源可获得性上越弱。这种主要表现在渔获物总量和种类上。

> 以前我们这里的海很好，什么鱼都有。以前海螺不值钱的，现在变得值钱了。像这个螺，以前一拉就是十几网满的。拉回来之后把值钱的螃蟹捡起来，这个螺没有人要。最近这七八年，这个螺却开始值钱。你像现在我们出海，没什么像样的渔获物，就是这个螺了。（访谈资料：M20150813CDS）

因此，海洋污染与海洋渔业资源的整体性衰竭对于海洋渔村的村民来说，就是海洋资源可获得性的削弱。用海洋渔村村民的生活常识来解释，就是海洋生态环境已经发生了变化，他们不能再像以前那样从海洋中获得他们所需要的生存资源了。之所以如此，就是因为作为海洋生境中的一个种群，绝大多数海洋渔村村民生产活动的范围实际上是固定的，这个范围是由他们所拥有的生产工具决定的。[①] 一个渔村生产活动区域越小，来自外部自然环境的干扰影响就越大，而村庄内部对抗这种干扰的能力就越弱。

因此，由类似于全球变暖等气候变化所引起的海洋生态环境变迁，就更加不是海洋渔村村民能够抵御的外部风险了。"目前已确知气候变化会带来水生物种分布改变，且这种趋势会一直持续。……问题是这些变化将会

[①]　唐国建：《海洋渔业捕捞方式转变的社会学研究》，社会科学文献出版社，2017，第 157 页。

影响到生物相互制约，进而制约海洋生态环境的功能发挥。"① 尽管这种全球性的变化在区域性的海洋渔村生产和生活的空间范围中并不是非常明显或程度很大，但是有多年捕捞经验的海洋渔民还是能够察觉到这种变化所带来的影响。

对于所有区域性的海洋渔村而言，海洋污染源不是村庄及其村民的行动，而是村庄外在的力量。但是，污染的代价却是他们首先承受的。FAO（联合国粮食及农业组织）的报告显示，在渔业和水产养殖部门，有两类海洋污染是极为突出的：一是捕捞渔业中被遗弃、丢失或以其他方式被抛弃的渔具；二是微塑料。② 遗憾的是，这两个方面的污染目前都没有找到有效的解决办法。但是在现实中，海洋渔村的村民每天就生活在这些污染物之中，而在他们的"生活意识"中却找不到应对这种情境的知识。

3. 海洋工程的连带影响

经验研究表明，区域性的海洋渔业工程也可能导致海洋环境的污染和破坏，反过来，这种污染和破坏又会影响区域性的经济社会发展。③ 事实上，不仅是海洋渔业工程，当前几乎所有类型的海洋工程对海洋环境都会造成各种影响。研究表明，像油井钻探、海底采矿、围海造田、运输航道建设、跨海大桥、海水淡化、海洋能源开发工程、海洋娱乐及运动等海洋工程对海洋环境的污染和破坏，有的是直接的，有的是间接的；有的是区域性的，有的是整体性的；有的是短期性的，有的是长期性的；有的是暂时性的，有的是永久性的。④

对于某个海洋渔村及其村民的生产生活而言，不同类型海洋工程的影

---

① FAO：The State of World Fisheries and Aquaculture 2018 – Meeting the Sustainable Development Goals. Rome，2018，p.132.

② FAO：The State of World Fisheries and Aquaculture 2018 – Meeting the Sustainable Development Goals. Rome，2018，pp.154 – 157.

③ 唐国建、杨晓龙：《论绿色 GDP 在建设全面小康社会中的地位——以长岛县为个案的实证分析》，《山东工商学院学报》2016 年第 5 期。

④ 关于各种海洋工程的影响，除了科学研究成果，比较直观形象的呈现是各种新闻和调查报告。如关于中国围海造田的状况及影响，参见《填海》；关于中国围海造田的影响调查计划，参见 https://www.sohu.com/a/136470375_327213。相关的科学研究可参见冼剑民、王丽娃《明清珠江三角洲的围海造田与生态环境的变迁》，《学术论坛》2005 年第 1 期；于格、张军岩、鲁春霞、谢高地、于潇萌：《围海造地的生态环境影响分析》，《资源科学》2009 年第 2 期；孟伟庆、王秀明、李洪远、丁晓：《天津滨海新区围海造地的生态环境影响分析》，《海洋环境科学》2012 年第 1 期。

响是不一样的，而且绝大多数影响都是连带性的。横穿 XL 岛的跨海大桥的建设对秀村的影响证实了这一点，参见图 1。该海峡公铁两用大桥自 2013 年 11 月动工，2020 年完工通车。大桥起始于 SX 镇，经过 XY、CY、XL 和 DL 四个海岛，依次跨越一个航道和三个水道（其中就包括 DL 岛和 XL 岛之间的水道和 XL 岛和 CY 岛之间的水道，水道是鱼群洄游的必经之路）。各个水道上都建有不同数量的墩，其中 DL 岛和 XL 岛之间的水道桥采用 80 米 + 140 米 +336 米 + 140 米 +80 米的钢桁混合梁斜拉桥，其他非通航孔引桥根据墩高、水深及地质条件分别采用跨度 80 米和 88 米的简支钢桁结合梁、跨度 48 米和 40 米的混凝土梁。大桥基本上横穿了整个 XL 岛，因此岛上还设有一段 324.8 米长的铁路路基。整个工程使用了 36 万方混凝土、4.4 万吨钢筋、3.5 万吨钢梁、3826 吨钢绞线、1035 吨斜拉索。限于学科和技术条件，我们无法得知这个跨海大桥的建设给沿经的海域带来了多大的环境影响。尤其是对秀村来说，大桥建设都没有直接经过该村，似乎对该村没有产生什么影响。而大桥是从东村和西村的村头通过的，对于这两个村庄的影响是直接的。通过对 XL 岛村民的访谈，还是可以从多个微观方面看到大桥建设对 XL 岛及其村民在海洋环境层面的连带影响。

首先，村庄渔业生产场所遭到破坏。在这一点上，对东村和西村的影响是明显的。因为大桥直接经过了这两个村庄的码头，导致这两个码头被直接破坏而废弃了。

> 这个大桥正好经过我们的码头。你看现在的桥已经架起来了，刚好把我们的避风港出口给堵上了。只有我现在开的这种小养殖船还可以从那个架子的缝里穿出去。码头被堵就没办法出去打鱼了。这个路也不给放个口子，船出不去，车也不能进来，里面的海鲜也运不出去。现在这个避风港里已经没有几艘船了，那里停的几艘基本上都报废了。（访谈资料：M20180117CS）

对于秀村来说，大桥没有直接经过村庄，因此其码头是唯一保存完整的。目前这三个村庄中也就秀村还有 5 ~ 6 条小型渔船继续按照以往的习惯在作业，其他两个村庄只有一两条船在零星作业。尽管对海岛的陆地没有直接影响，但是大桥的建设其实给秀村的作业海域造成了极大破坏，在这个方面，三个村庄的情况是一样的。

> 秀村渔民：大桥正好从我们放定置网的区域边上经过，看起来是没有直接影响，但是我们的锚放下去很容易被他们的钢丝卷进去，这对我们放的笼子有影响。前两年公司还给赔钱，就是我们损失了多少个笼子，他们就给我们买多少个。我原本有 1700 多个笼子，现在就剩下 700 多个了。现在公司不给赔了，有距离限制了，离他们建设的地方几百米之内不能放笼子。（访谈资料：M20150813CDS）

> 西村村委会主任：大桥经过的地方，树被砍了，农地被征用了。每亩补偿 1 万 6000 元人民币。但我们村的码头被拆了，捕鱼的定置网被拆除了，养殖的滩涂也被征用了。尽管有一定的补偿，但村民们现在能干啥呀？（访谈资料：M20150813CZ）

其次，大桥建设影响了渔业资源的流动规律与分布。大桥桥墩的位置多位于海峡水道附近，因此，桥墩的建设必然会改变海底水道的地形地貌。同时，桥墩建设过程中的各种噪音、作业方式也会影响海洋渔业资源的生长和流动。

> 自 2013 年大桥开始建设以来，我放置的每张渔网的收获量都下降了。尤其是在桥墩打地基的那一段时间，基本上没有什么渔获物。因为他们作业的声响太大，而且正好在鱼群洄游的道上，所以鱼群从外面一到这边海域的时候就打转了，不进到湾里来了。而且他们打桥墩改变了这片海域的海水流速，这在表面上看不出来，我去下网的时候就能感觉出来了。以前原本放锚下去之后就能把网定住。现在就不行了，有时候放网下去时就感觉网在动；有时候明明将网放在以前经常放的那个位置，但等到过两天去收网的时候就要到几十米之外才能找到；有时候就直接找不到了。（访谈资料：M20150814BJF）

总之，目前关于海洋工程对海洋环境的影响评价机制是不健全的。对于那些能够影响到整个海域生态环境的海洋工程，人类的影响评价能力本身就不够，更别说有因为利益问题而忽视影响评价的现象存在。对于那些给某个特定区域造成明显影响的海洋工程，如上面提到的跨海大桥建设，人们在影响评价的时候其实总会忽视该区域中弱势群体的利益，而工程对海洋生态环境的连带影响也恰好会影响到这些弱势群体的利益。

（二）海洋渔村陆地生态环境的变迁

海洋渔村的陆地生态环境是指由渔村内部自然环境的陆地部分和村庄所在区域所组成的自然环境。海岛渔村的陆地生态环境就是渔村所在的整个岛屿及浅滩，海边渔村的陆地生态环境则是指渔村的村庄所在地及其周围所属地域（包括田地山林和沿岸浅滩）的自然环境。

1. 不断变化的海洋性气候

海洋性气候对整个地球的气候具有决定性影响，尤其是对海岸带。作为居住和生活在海岸带的海洋渔村村民，了解和适应所在区域的海洋性气候是他们进行生产和生活的基础。

> 气候变化对中国沿海和海岸带的影响主要表现在三方面：一是中国沿海海平面持续上升；二是各种海洋灾害发生频率和严重程度存在上升趋势；三是滨海湿地、珊瑚礁、红树林等生态系统的健康状况多呈恶化趋势。[1]

这三个方面的影响都会在海洋渔村陆地生态环境中显现。首先是海平面的上升会直接侵蚀渔村的陆地面积。对此，渔村村民往往会通过在海岸线上填海筑坝的方式来应对这种变化。秀村停靠渔船的避风港和外来轮渡停靠的码头在一条线上，现在这一条线上的房屋都是建在填海的海堤上的。参看图2，码头右边岩石群的右边目前仍然有大量的碎石。村民说原来那里应该是一块滩涂，但现在都是碎石，并且这些碎石经过海水的冲刷都快变成卵石了。

其次，海洋渔村所面临的自然灾害要远远多于内陆地区，尤其是地质灾害。这与海陆交界的特殊地理位置有关，也与这些区域是大陆板块的连

---

[1] 凌铁军、祖子清等主编《气候变化影响与风险：气候变化对海岸带的影响与风险研究》，科学出版社，2017，第30页。

接处有关。"海岛的地质灾害有 10 余种，其中滑坡、海岸侵蚀、海水入侵、湿地退化等灾害出现频率较高。"① 这些灾害在 XL 岛上基本上都发生过或正在发生着。XL 岛的气候属于南亚热带海洋性季风气候，"年平均气温 19.5 摄氏度，多年平均降水量 119.6 毫米，年平均风速 6.4 米每秒。潮汐类型为正规半日潮，平均潮差 429 毫米，最大潮差达 683 毫米"②。这种气候导致风暴、浪潮、干旱等灾害经常发生。为防止风暴，村庄里的房顶都用石头压了一遍。

> 我们这边的房子只能用石头建，用其他东西建造的话，台风来了就完蛋了。因为我们这里是台风经常发生的地方。我是村长，安全是第一位的。那么多的渔民，又怕他们台风来了下海。我盯在码头那边。前些天台风一来，这边修桥的小木屋都被台风吹走了。那边大桥建设项目部的经理给我打电话让我支持一下，一百多号人全部转移到村子里来住。台风那天晚上，我这个屋人都是满满的。（访谈资料：M20150813CZ）

最后，气候变化对滩涂、海岸线等会造成各种影响。"气候变化对珊瑚礁的影响主要是海洋表层温度的升高所导致的大面积珊瑚礁白化死亡，以及大气二氧化碳浓度的增加所引起的海水酸化，海水酸化威胁珊瑚礁生物群落的造礁能力。"③ 对于绝大多数海洋渔民来说，在他们的"生活意识"中并没有解释这些现象的知识，更多的是如何躲避这些风险的"经验"。所以，一旦已经变化了的生态环境给他们带来新的风险，他们除了被动地接受，并没有其他合适的应对策略。

2. 正在消失的淡水

因为海水是不能直接给人和牲畜饮用的，所以淡水资源对海洋渔村来说是极其重要的。没有淡水资源的海岛是不能住人的，而大多数有人居住的海边渔村基本上都在内陆河流的边上。这样的地方往往很容易打出没有海水侵蚀或者经过沙土过滤的井水。随着海水淡化技术的改变，越来越多

---

① 刘乐军等：《中国海岛典型地质灾害类型及特征》，海洋出版社，2015，第 64 页。
② 刘乐军等：《中国海岛典型地质灾害类型及特征》，海洋出版社，2015，第 319 页。
③ 丁平兴主编《气候变化影响下我国典型海岸带演变趋势与脆弱性评估》，科学出版社，2016，第 378 页。

的海洋渔村都开始安装海水淡化装置，以应对日益缺乏淡水的问题。

气候变化和人为污染使得淡水资源减少，这是一个全球性问题。这个问题在海岛上表现得尤为明显。事实上，XL 岛所在的整个福建海岛地区都存在淡水缺乏的问题。福建大多数岛屿人均淡水资源量少于 600 立方米，是福建省水资源最紧缺的地区。而福建省的海水淡水工程较少，2013 年具有每日 57 吨的淡水生产能力，仅在极度缺水的台山岛和东山岛投入使用了 3 套海水淡化装置，省内各沿海城市也都没有海水淡化工程建成生产。[①] 为了应对日渐缺乏的淡水问题，深挖水井目前已经是 XL 岛居民最主要的措施了。

> 我小时候岛上淡水资源非常丰富，山上都有泉水流下来，现在种花生的地方以前都是种水稻的。现在没有水了，不知道水跑到哪里去了。人家说森林保护水源，现在森林保护了，可是水没有了。大概在 20 世纪 90 年代的时候就没有山泉水了。现在岛上的淡水主要靠挖井。像去年我们村里就用机器在山上挖了三口井，都是 150 米深。以前挖七八米深的井就有水了。（访谈资料：M20150813CZ）

"不知道水跑哪里去了"，这句话是项目组在秀村调查问到山泉水消失问题时村中老人说得最多的一句话。在他们的经验世界中，从小就看到山泉水顺流而下入海，每年因季节变化可能会略有变动，所以在他们的"生活意识"中，"山泉水"就"应该"在那里且每天顺流而下，而他们也自然而然地从溪流中取水用水。可突然有一天，他们发现流了几十年的山泉水变小了、变没了。面对这种状况，他们怎么可能从原来的"经验"中找到解释这种现象的知识依据呢？

> 你看到门前有一口水井了吗？以前都是吃那里面的水。那里面的水半咸半淡，因为海水涨潮上来就会渗到淡水井里去，跟淡水混在一起喝。现在有的人没水时也还在喝这个。建桥的工程队来以后我们才很少喝那个水，因为工程队打了井。他们在我们这里打井，我们有个条件，就是

---

① 陈凤桂、陈斯婷、吴耀建主编《福建海情》，科学出版社，2016，第 88～91 页。

让村民家里通上自来水，供应我们喝，我们给你交钱。等桥建好工程队的人走了，井就是我们的了。（访谈资料：W20151003LSJ）

这其实就是秀村村民确定岛上淡水及水井的"共同占有权"的逻辑。当前，秀村的自来水是定时的。每家每户至少备有三个大型的盛水器具：一个是厨房用水，一个是日常生活洗涮用水，一个是厕所用水。每两天的下午放一个小时的水，每家每户都会定时接水，装满了就关上。一般日常生活洗涮用水的器具放在院子里，这样用过的水一般会直接用于浇灌院子里的小菜园。绝大多数家庭日常所需的蔬菜都来自这个小菜园，要不就需要坐轮渡到主岛上去购买。

3. 被污染的浅滩

浅滩（包括滩涂和浅水区）是海洋渔村最重要的陆地自然环境。滩涂往往被视为重要的耕地后备资源。正因如此，滩涂围垦与开发一直是海岸带地区特有的土地利用模式。[①] 尽管围海造田对海岸带的生态环境有很大的影响，但是在人多地少的矛盾驱动下，海岸带的滩涂开发利用是国民经济发展的需要。新中国成立至20世纪90年代，各沿海地区共围垦滩涂900多万亩，其中80%左右用来种植粮、棉、油、麻、果、苇、甘蔗等作物，以及发展养殖、原盐、港口、旅游等产业。[②]

因潮汐的作用，浅滩是海洋渔村村民"赶海"和养殖等生产活动的主要场所。"赶海"，或者称"赶潮"，地方俗称"下小海""讨小海"，是指海洋渔村村民在潮汐的高低潮之间到浅滩上收集贝类、蟹、鱼虾或者用小型船舶在浅海去捕捞等作业方式。在渔船还没有正式出现之前，人类从海洋中收集食物的活动都是在浅滩这一区域进行的。至今，在许多海洋渔村中，对于那些不能再上渔船出海作业的老渔民和女人、孩子来说，"赶海"是他们一天最主要的生产活动了。

因此，很多海洋渔村为了保护这一块重要的领地，在村庄内部制定或形成了许多成文或不成文的规定。这些规定展示了渔民们将浅滩作为土地

[①] 许艳、濮励杰：《江苏海岸带滩涂围垦区土地利用类型变化研究——以江苏省如东县为例》，《自然资源学报》2014年第4期。

[②] 章成逸：《滩涂开发生态经济类型的形成、划分及其综合评价》，《海洋开发与管理》1990年第2期。

资源的"生活意识"，并被他们贯彻到了日常生活中。

> 我村所辖的海区、滩涂，是不可再生的宝贵自然资源，是东村人的
> 世代财富。如同农民赖以生存的土地，失去土地，便失去一切。……保
> 护滩涂，造福后代。任何人不准在东口拣球石，任何单位不准用球石
> 做坠石。顺流网船所用坠石全部集中到山后采砸。凡在东口砸球石、
> 拣球石人员，除没收球石外，按每吨罚款 10000 元计算，不足一吨按一
> 吨计算，凡有出售或运输球石的一律没收。东口海滩严禁晒鱼粉。（DQ
> 岛东村管理规章，第 21 条第 2 款，2011 年）

但这种保护滩涂的状况随着区域经济发展或对外开放的深入而变得越来越糟糕。除了跨海大桥建设的连带影响，秀村建设海岛旅游村的计划也将本来就不多的滩涂破坏殆尽了。从图 2 可以看到，秀村沿岸已经没有自然性的滩涂或沙滩了。项目组在其他渔村的调查也发现，越是对外开放程度高的海洋渔村，其周边的浅滩污染和破坏情况就越严重。渔业生产所抛弃的兼捕渔获物，各种生活塑料垃圾，被抛弃的各种渔网、零件等报废的渔业生产工具等污染物在海岸线的浅滩上随处可见，更别说那些影响重大的海洋污染对浅滩的破坏了。研究表明，海洋生态环境治理的效果总体上是很不理想的。[1]

四　海洋渔村生态环境变迁的原因

引起海洋渔村生态环境变迁的原因在不同环境中是不一样的。一般而言，在海洋渔村外部自然环境中，海洋自身的自然性变化是最主要的原因，因为对于区域性海洋渔村而言，渔民们的行为能给广袤的海洋造成的影响是微乎其微的；在海洋渔村内部自然环境中，来自村庄外部的社会干预力量和渔村内部的经济生产方式变革则是引起生态环境变迁最主要的因素。

---

[1]　宁靓、史磊：《利益冲突下的海洋生态环境治理困境与行动逻辑——以黄海海域浒苔绿潮灾害治理为例》，《上海行政学院学报》2021 年第 6 期。

（一）海洋的自然性变化

全球气候变化是自然现象还是人为影响，这在科学界是一个存在争议的话题。在自然因素方面，太阳能的变化、地球轨道的变化、火山爆发以及地球构造板块的移动都会影响地球的气候。而在人为因素方面，联合国政府间气候变化专门委员会（Intergovernmental Panel on Climate Change，简称 IPCC）自 1990 年开始发表的一系列评估报告促成了一个日趋广泛的科学共识，即近期全球气候变暖主要是人为向大气中增加排放物（主要是温室气体）所致。[①] 事实上，目前人类的认知水平还不能科学地证明究竟哪个因素才是导致气候变化的主因。

但是，全球气候变化引起海洋环境变迁则是显著的和可预测的。大量的科学研究表明，全球变暖对海洋的影响主要体现在海洋温度上升、飓风活动增加、深海环流变化、极地冰川融化、海洋酸度增加、海平面上升等。[②] 对于海洋渔村及其村民来说，这些变化都是海洋的自然性变化，与他们的活动以及他们可以认知到的社会活动都没有直接关系。

但是他们能够感知和体验到海洋的这些自然性变化对他们生存所依赖的生态环境的影响，并对此进行归因。以海平面上升为例，科学监测结果发现，XL 岛所在的福建省沿海在 2000～2009 年海平面平均年增幅为 62 毫米。而海平面上升是风暴潮、海岸侵蚀、海水入侵等海洋灾害突发事件的背景和基础。[③] 对于这些科学性知识，秀村村民是不知道的。但是他们在日常生活中直接体验到了这些现象，其中台风和大风就如他们的家常便饭。[④]

> 我们都是晚上出去捕，这么点风浪我们都不当回事，见多了。（访

---

① Alan P. Trujillo and Harold V. Thurman：《海洋学导论》，张荣华等译，电子工业出版社，2017，第 455～467 页。

② Alan P. Trujillo and Harold V. Thurman：《海洋学导论》，张荣华等译，电子工业出版社，2017，第 469～480 页。

③ 陈凤桂、陈斯婷、吴耀建主编《福建海情》，科学出版社，2016，第 130～133 页。

④ 台风是平潭海域的重大气象灾害，发生最多的一年在 1961 年，达 11 次。每年的 7～9 月台风居多且较为严重。除夏季台风外，其他三季常出现大于或等于 8 级大风（17 米/秒以上）天气，一年中 11 月至次年 2 月大风天数多达 15.9～19.2 天。大风年际变化很大。参见《平潭县海域志》编纂委员会编《平潭县海域志》，华艺出版社，1992，第 36～37 页。

谈资料：M20150814SY）

> 今年上半年，在这边捕鱼的人死掉两个，都是 20 多岁的。因为风大浪大船沉了。如果穿着雨衣，游都游不动。有时候遇到漩涡，水性再好也白搭。干活的时候根本没办法穿救生衣。人掉到海里顺着水流流到定置网那边，被定置网网住，更是死路一条。像这样的事故，有的时候几年都不发生一次，有的时候一年好几次。现在有时候天气预报也不准，你看起来风平浪静的，突然就会起风。（访谈资料：M20151005LQ）

海洋渔民们都将这样的事情归因于天意。对于由海洋自然性变化引起的问题，他们既解释不清楚也不愿意去多想。只要能给出一个说得过去的理由，他们就可以心安理得地接受事实。毫无疑问，将原因归于海洋自身，对他们来说就是最好的理由。这其实是海洋渔民在长期无力抗拒海洋自然性风险的状况下形成的"生活常识"，这种常识有助于他们调整心态，克服对海洋的恐惧。

尽管如此，海洋的自然性变化对海洋渔村生态环境的影响是不以人的意志为转移的。尤其是对海洋渔村外部自然环境的影响，人类至今对此还是无力的，而人类在渔村内部自然环境上更多的也是以承受或逃避的方式来应对它的影响，因为在诸如"厄尔尼诺"这类海洋自然灾害给渔村带来的风暴、海啸等影响面前，人类的力量是极其渺小的。

（二）渔村外部性力量的干预

相对于不可知的海洋自然性变化，渔村外部性力量的干预对村庄生态环境的影响，是村民们讨论得最多和认识得最清楚的一个原因。

第一个最主要的外部性力量就是各类海洋工程。由于地理位置的特殊性，海洋渔村所在区域几乎都是海洋大开发的前哨站，而人类海洋大开发的主要手段就是建设各种海洋工程。对于区域性海洋渔村而言，越是大型的海洋工程，对他们村庄生态环境的影响就越大，受到的损失就越大，获得利益就越少。因为绝大多数大型的海洋工程都是地区性或全国性的，如果这样的工程需要付出代价的话，这些代价往往由弱小的海洋渔村及其村民承担。横穿 XL 岛的海峡大桥建设就是一个典型的例子。

第二个最主要的外部性力量就是外来渔船的入侵。前面提到，海洋渔村往往会定址于四周海洋资源丰富的区域，并且往往是条件良好的港口码头。在木帆船时代，渔船作业范围基本在村庄近海海域之内。但是现在的机动铁皮船以及先进的航海技术可以让渔船的作业范围扩大到整个海洋。那么，拥有天然避风港的海洋渔村，尤其是海边渔村就成了各种渔船渔获物交易的集散地。问题并不是这些外来渔船的渔获物抢占了当地渔村渔民的市场，而是这些渔船不遵守当地的规则，在村庄所属海域中肆意捕捞而破坏了渔村的生态环境。

> 以前的鱼很多，小船出去都有很多鱼抓，现在出海一趟亏本都是正常的事情，没有鱼抓，也去不了远地方。他们（外地渔船）都是用电网的拖网船，还把我们下的网弄坏了！我们也没有办法。举报给渔政司也没有啥用！（访谈资料：M20190120 - YM）

（三）渔村内部的变革

当海洋渔村村民发现来自外部性力量（主要是外来渔船或外来人员租用当地渔船进行生产）的干预之后往往会有三个不同的应对策略。

第一个策略是抵制，即村庄以集体的力量抗拒外来渔船或外来人口的入侵。这种策略随着市场机制的确立已经变得越来越没有效果了。首先，集体抵制的前提是要有一个强有力的村集体。家庭联产承包责任制在海洋渔村的实施，实质就是集体生产资料的再分配，即渔船出卖和海域承包。[①]这种改革提高了生产力，却因社会分层而解构了村集体。除非村庄的宗族和家族势力仍然极为强大，否则，村集体对外来力量干预的抵制行动基本不可能发生。与此同时，外来力量也会通过拉拢、威胁等方式消解村庄的抵制。这一点在海洋工程建设上表现得尤为明显。因为绝大多数海洋工程建设对于当地官员来说都是一项重大的政绩，所以当地官员（包括村干部）会很自然地站在外来力量的一边来压制村民。

第二个策略是竞争，即村庄集体或村民通过购买大型船只、改进渔船等与外来力量进行竞争。这个策略实施的前提是村集体或村民有足够的资

[①] 相关研究参见唐国建《海洋渔村的"终结"》，海洋出版社，2012，第99~142页。

本来投入，而一般的海洋渔村或村民是没有这样的资本的。

> 我们这里大多数都是小船，小船抓的都是鱼苗。我们这里的大船都是大陆（指山东、浙江、福建、广东等地）过来的，本地的小船是根本抓不过人家的。我们抓的鱼苗都卖给了中外合资的企业用来喂养。我们这里的渔民很难做，大陆船过来得太多，本地的小船大部分都抛锚了。大船太贵了，我们本地人没有这个资本，需要 300 万元以上才能造出来。（访谈资料：M20190120－002）

在项目组的调查中，那些集体经济发展比较好的海洋渔村，在改革开放之后，并没有完全实行家庭联产承包责任制，而是以公司制的方式将集体财产转化成股份，所有的村民都拥有相应的股份，同时他们又是公司的员工。这样的海洋渔村是有能力与外来渔船进行竞争的，他们往往都组建了自己的捕捞船队。但是，这种竞争对于村庄海洋生态环境并不是一件好事，因为这样的竞争会导致产能过剩，加剧海洋的"公地悲剧"，海洋渔业资源被掠夺得更厉害。

第三个策略是消极应对。这个策略有两种呈现方式：一是转产转业，即外出打工或迁走或改变谋生手段；二是改变原来的渔业生产习惯，形成"破窗效应"，即本地渔船和外来渔船一样都不再遵守传统的作业习惯和相关的法规，也采取灭绝式的捕捞方式。大多数海洋渔村其实都发展的是小型渔业，即小型木质渔船在近海海域作业的渔业。小型渔业的传统作业方式是渔民祖辈经过多年的经验积累起来的，是最适合当地海洋生态环境的，也是最具保护性的作业方式。因为在当地渔民的世界里，海洋中的鱼和他们是一体的，因而他们对鱼苗有了"子孙鱼"这样的称谓。但是，外来大型渔船多是商业化的作业方式，而且他们并不居住于此地，所以他们在作业方式的选择上并不会有太多的顾虑，如当地的渔业资源枯竭会影响子孙后代的生存。所以，在既无法与外来力量对抗，又缺乏公正监管的情况下，海洋渔村村民们无奈地选择了小网口捕捞，也就被迫在休渔期出海"违禁捕捞"。

这些应对策略在村庄内部的表现就是渔民生产生活方式的变革。渔村内部的变革有主动适应外界变化的需求，但更多的是被迫应对外来力量的干预。不管是哪种原因，其行动的结果对本地的生态环境都会造成更大的压力。当地渔民们会愤慨外来力量的不公正干预，也会怀念过去的丰收年景，但是他们往往没有意识到他们当前的行为选择对于本地的生态环境破坏同样负有主要责任。有学者用了一个非常贴切的词语来形容这种现象，即"景观失忆"。

> 新道头村就是"景观失忆"的绝佳案例。仅仅在 30 年前，村民们还能很轻易地吃到几斤重的大黄鱼，3 寸宽的大带鱼，可如今却只能吃吃不到 1 寸宽的小带鱼，肉质似软豆腐的龙鱼，以及连肉都挑不出来的小螃蟹了。但他们依然喜欢标榜本地海鲜味道鲜美，舟山海味天下无双，却没有意识到海鲜的质量已经发生了翻天覆地的变化。①

从现实的生活状态来说，海洋渔村村民的"景观失忆"或许有助于消解他们面对环境变迁时的生存焦虑。但是，从客观的生态环境变化来看，"景观失忆"会使当地渔民心安理得地接受破坏生态环境的各种行为，从而会加剧村庄生态环境的恶化趋势。

五 结论：一个生态世界观的解释框架

关于海洋生态环境变迁的传统解释，往往都是基于人类中心主义的。首先，在生态环境变迁状况的描述上，海水水质的变化、赤潮的发生面积与频率、海洋鱼类资源的增减等都是描述的主要内容，这些内容都与人没有直接的关系，是纯粹的海洋自然因子。其次，在生态环境变迁的归因上，倾倒垃圾、直接排污、填海造地、竭泽而渔等人类行为往往被视为主要原因，其实这类归因可以简单地归结为一句话，即人类对海洋的不当利用是导致海洋生态环境变迁的主要根源。最后，在生态环境变迁的结果上，危及人类生存与发展是解释的目的，即使是对海洋生物群落衰减的顾虑，其目的也是阐释这种衰减的现象会影响到人类。总之，人是外在于海洋生态系统中的，海洋只是人获取生存资源的一个空间。

---

① 袁越：《舟山渔场的兴衰》，《三联生活周刊》2016 年第 33 期。

但从生态世界观出发，我们就会看到不一样的景象。在生态世界观中，海洋渔民是海洋生态系统的一个生物种群，是与海鸥、鲨鱼、北极熊等一样的生物种群，是海洋生态链的一个环节，是海洋食物网中的一个组成部分，而海洋渔村是海洋渔民的生境或栖息地。那么，渔民们在海洋中捕鱼、在浅滩里养殖等行为就是他们的生态位体现，即职业。因为一个物种在其生境中只能占据一个生态位，所以，所有海洋渔村外来的干扰因素如外来渔船、外来渔工、经过村庄所属海域的运输船、在 XL 岛上建设跨海大桥等都属于入侵渔民生境的外来物种或行为，都会改变渔民在村庄中的功能关系，即他们的生态位会发生变化，而这种变化本质上就是村庄生态环境的变迁。

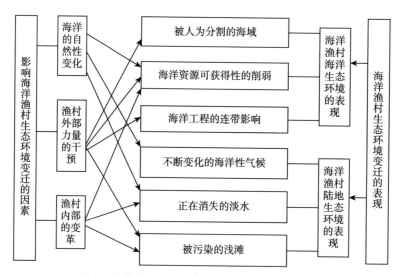

图 3　海洋渔村生态环境变迁的生态学解释框架

因此，如图 3 所示，海洋渔村生态环境变迁的表现不是外在于村庄的海水质量变化、海域污染、珊瑚林破坏等，而是影响村民在渔村这个生境中的功能关系的那些生态因子的变化。"被人为分割的海域""海洋资源可获得性的削弱""海洋工程的连带影响""被污染的浅滩"等就是改变渔民"生态位宽度"的生态因子，而"海洋的自然性变化""渔村外部力量的干预""渔村内部的变革"等则是导致这些生态因子改变的自然因素和社会因素。

人海和谐与海洋生态文明建设的实践逻辑*

刘　敏**

摘　要：作为人与自然和谐共生的中国式现代化建设的重要组成部分，海洋生态文明建设的核心要义在于促进人海和谐共生。基于价值形塑、制度环境与社会主体性的分析框架，本文认为，随着人与自然和谐共生的中国式现代化建设的推进，人海和谐日渐成为一种为社会所认可的价值理念，推动着海洋生态文明建设不断从文本走向实践。作为一种政府主导型环境政策，海洋生态文明建设不仅对渔民等社会主体行为具有约束作用，也为其生计生活方式的生态转型和可持续发展提供了资源，激发了社会主体的积极参与意识，从而带动着人与海洋的关系，以及人际关系、人己关系的不断变革与动态平衡。随着人海和谐成为推动海洋生态环境治理的社会动力机制，海洋生态文明建设进入实践新阶段。

关键词：海洋生态文明建设　人海和谐　价值形塑　制度环境　社会主体性

一　引言

大航海时代以来，伴随工业革命的发展及科学技术在海洋领域的快速

---

*　本文为教育部人文社会科学青年基金项目"气候变化下海洋渔民社会脆弱性及其应对研究"（项目编号：21YJC840013）的研究成果。

**　刘敏，中国海洋大学国际事务与公共管理学院副教授，主要研究方向为环境社会学、海洋社会文化理论。

应用，人类对海洋及海洋生态系统的介入和影响程度大大加深，海洋将世界各地紧密联系在一起，人类社会开始因为海洋的纽带作用而成为紧密联系的命运共同体。[①] 具体到中国，改革开放以来，以海洋为通道，沿海地区工业化和城市化的快速发展，有力地带动了内陆腹地乡土文明的现代转型，实现了"全国一盘棋"与区域协调发展，有助于拓宽海洋通道并通过"造船出海"等途径发展一种外向型的经济体系。[②] 近来有国外学者指出，当代中国经济政策转变的最显著特征，就是向海洋领域的扩张，这打破了人们对中国作为一个内陆农业大国的传统认知，促成了人们对中国海洋文化历史传统的再发现，有助于对中国与海洋的关系进行再诠释。[③]

文明研究历来是社会学的学科初衷与责任。[④] 然而，由于国内学界长期以来对于海洋族群、海洋文化及海洋文明的有意或无意忽视，与鸦片战争以来中国传统文明现代转型历程相对应的是，"传统中国是乡土社会"的文明论断[⑤]长期主导着国内的社会学、人类学研究。21 世纪以来，不少研究者开始从北方草原、西南走廊、东南沿海等边疆地区来重新阐释中国现代社会转型的历程及其动力，通过牧民、山民等他者来反思将农民的现代化作为中国式现代化总体性格局中的一部分的局限性，从而获得了对于中国社会现代转型的深刻理解。但由于缺乏对海洋的关注，社会学难以对海洋、文明与中国式现代化建设做出系统解释。为此，尽管海洋强国已至国家战略高度，但相关的海洋学术研究存在明显的滞后性与碎片化现象，难以为海洋生态文明及其建设提供理论阐释与实践支撑。

从人与自然关系紧张，不断走向人与自然和谐共生，是中国式现代化建设的重要特征。[⑥] 面对不断凸显的海洋生态环境问题，党的十八大以来，党和国家注意到了海洋强国战略及蓝色空间治理的重要性，并要求贯彻新的发展理念，通过深化海洋管理体制改革和推动政府职能转变等方式，来推进海洋生态环境治理和加快调整人海关系，海洋生态文明建设也不断从

---

① 布鲁斯·马兹利什：《文明及其内涵》，汪辉译，商务印书馆，2017，第 36 页。
② 费孝通：《全国一盘棋——从沿海到边区的考察》，《瞭望周刊》1988 年第 40 期。
③ Leonard Blussé. "'Oceanus Resartus'; Or, Is Chinese Maritime History Coming of Age?". *Cross-Currents: East Asian History and Culture Review*, 2017, Vol. 25, No. 1, pp. 8 - 25.
④ 渠敬东：《作为文明研究的社会学》，《中国社会科学》2021 年第 12 期。
⑤ 费孝通：《乡土中国》，江苏文艺出版社，2007。
⑥ 宋林飞：《中国生态文明建设理论创新与制度安排》，《江海学刊》2020 年第 1 期。

后台走到前台、从文本走向实践。与此同时，近年来，随着全球气候变化与海洋生态环境问题的凸显，社会学者也开始呼吁，对于海洋问题的思考不能仅将其留给地理学、法律学等学科，社会学应该主动介入海洋退化、海洋资源开发、过度捕捞等问题，去认识海洋生物多样性破坏的社会成因和后果，进而推进海洋生态环境治理。[①]

相比于西方国家海洋人类学的学科传统，中国社会学的海洋社会文化研究，无论是历史积淀还是现实涉入，都存在明显不足。甚至与国内的历史学、政治学相比，国内的社会学学科对于海洋的研究也相对落后。例如，随着海洋在近代以来中国的现代化建设与文明转型过程中的作用凸显，历史学家和政治学家日渐重视海洋的重要性，包括近年来快速发展的海洋史与海洋环境史，以及因海权和海洋争端而日益重要的海洋政治研究，充分拓展了海洋人文社会科学的疆界和深度。[②] 面对仍然严峻的海洋生态环境问题及不断加剧的气候变化问题，如能将社会主体性与政府主导的海洋生态文明建设进一步结合以加深人对人海和谐的理解，这将是社会学跨学科研究领域中令人振奋的结合点。与历史学与政治学的海洋研究相比，从经验出发是社会学分析的基础，并主要聚焦于对海洋与社会的关系讨论，更为关注海洋生态环境问题及其治理的社会过程，对参与这一过程的社会主体及其权力利益关系展开分析，目的在于解释海洋生态文明建设等自上而下的环境政策实践所遵循的社会文化机制。

党的二十大报告提出，中国式现代化是人与自然和谐共生的现代化。这也就意味着，在现代化建设过程中，如何理解并正确处理人与自然的关系，不仅是一个理论问题，也是一个关系到生产发展、生活富裕与生态良好的文明发展道路的实践问题。海洋生态文明建设是人与自然和谐共生的中国式现代化建设的重要组成部分。为了更好地理解海洋生态文明建设，本文借鉴了王春光在分析中国现代化建设时所发展出来的价值理念、制度环境与社会主体性的三维分析框架[③]，并结合笔者近年来在广东、山东等沿海地区长期田野调查所积累的实证资料，来进一步理解人海和谐的价值形

---

① 约翰·汉尼根、刘丹：《社会建构主义与环境》，载陈阿江编《环境社会学是什么——中外学者访谈录》，中国社会科学出版社，2017，第 41 页。
② 包茂红：《从海洋史研究到海洋环境史研究》，《全球史评论》2020 年第 2 期。
③ 王春光：《乡村建设与全面小康社会的实践逻辑》，《中国社会科学》2020 年第 10 期。

塑、制度环境的创造与社会主体性的激发。

基于上述分析框架，本文认为，海洋生态文明建设不仅是海洋管理体制变革和政府职能转变的政治过程，也是生态环境治理与海洋发展方式转型的经济过程，更是人海和谐共生不断实现的社会文化过程。随着人与自然和谐共生的中国式现代化建设的推进，海洋生态文明建设自然而然地涉及人海关系的价值重塑，以此来帮助人们更好地认清当前海洋生态环境问题的实质，以及促进民众就生产生活方式"变什么""怎么变"等议题进行思考，使得海洋生态环境治理与经济社会发展方式转型能够获得更多的理解、支持和参与。这不仅促使海洋生态环境治理趋于多元化、韧性化、灵活化和在地化，也从根本上避免了经济增长、社会发展与海洋生态环境保护之间的张力。

二 价值形塑与人海和谐观念的培育

海洋生态危机是人类社会共同面对的环境风险和生存挑战。在共同危机的刺激之下，人海和谐有助于价值凝聚，从而促进社会的多元参与和多元联动，以及不同层次、不同领域、不同方式的治理实践。在这一过程中，人海和谐不仅是海洋生态文明建设的价值引领和制度目标，亦会对社会主体的生计生活方式及参与海洋生态环境保护的主体能动性产生影响。尽管社会参与主体性的激发从短期来看是低效率的，但从长期而言却往往是高效的、不可或缺的，会因为共同认可的价值观念塑造而带来意想不到的政策后果和社会影响。

（一）本土生态知识与人海和谐的价值形塑

20 世纪 60 年代以来西方国家生态危机的普遍出现，使西方学者在分析生态环境问题成因的同时，亦对西方近代以来的自然观念、传统的伦理学乃至宗教神学进行了全方位的反思和检讨，推动了西方生态文化的发展。[①]与西方国家的生态文化过于强调生态保育不同，中国的生态文明建设历来秉持的是人与自然、人与人、国家与社会的和谐共生之道，并可以从中国

---

① 苏贤贵：《生态危机与西方文化的价值转变》，《北京大学学报》（哲学社会科学版）1998年第 1 期。

传统文化中的天人合一等本土生态知识中得到启发。例如，费孝通认为，中西文化差别的最好例子便是关于中国古代"天"的概念。在中国传统文化中，"天"不是像西方"上帝"那样是与人间万物二分独立存在的事物，"天"和"人"是统一的、息息相关的。此外，"天人合一"思想实际上不仅是中国的，也是世界上很多文明所具有的基本理念，只不过中华文化对这方面有着特别丰富的认知和深刻的探讨。①

近年来，随着生态文明建设的深入，学者们进一步就人与自然的和谐共生之道展开谈论，并深刻意识到中国生态文明建设的根本途径在于汲取"天人合一"等传统生态文化的价值。周大鸣认为，中国传统文化中的许多思想文化观念，如"天人合一""中和位育"等，都包含着人与自然和谐共处的独特生态智慧，在现代社会依然具有强大的生命力。② 张海洋和包智明则指出，中国传统文化及其实践一直都在强调"天人合一"和"中和位育"，强调人在自然面前应敬畏自然、尊重自然、顺应自然、保护自然，为了推进生态文明建设，需要认真汲取中国传统文化中的本土生态智慧并付诸实践。③ 这也就意味着，支撑生态文明建设及文明形态变迁的社会文化底蕴，就在于人与自然的观念。一方面，人与自然和谐共生是一个社会状态，是对"靠山吃山，靠海吃海"的传统生计生活方式的超越，有助于规避生态环境退化所带来的社会冲突和社会失序问题。另一方面，社会秩序的重构与社会团结的实现，有助于人理解、接受与支持人与自然和谐的生态环境治理观念，从而为生态文明建设提供源源不断的社会文化动力。

海洋生态文明建设的地方实践往往在于借助并充分发挥这种"天人合一"的社会文化底蕴，在于强调一种"碧海蓝天就是金山银山"的人海和谐理念，在于激发人们心中保护自然的朴素情感。事实上，在传统中国，由于科学技术落后、生产力水平低下及对海洋的认知落后，沿海居民更加敬畏海洋。在大多数情况下，许多传统渔民都是依靠从海洋中直接获取食物来维持生存，为此，他们这种对海洋的敬畏与顺从，在一定程度上是受

---

① 费孝通：《试探拓展社会学的传统界限》，《北京大学学报》（哲学社会科学版）2003 年第 3 期。

② 周大鸣：《论文明转型及其未来方向》，《人民论坛》2010 年第 35 期。

③ 张海洋、包智明：《生态文明建设与民族关系和谐——兼论中华民族到了培元固本的时候》，《内蒙古社会科学》（汉文版）2013 年第 4 期。

传统生计生活方式制约的结果。无论是"行船讨海三分命"的海洋生计生活方式感悟，还是"祖宗海"的海洋历史文化认知，在很大程度上，并不是将人与自然对立起来，更不是将海洋作为征服的对象，而是强调其生计生活方式与海洋的共生，其中往往具有"克己"的成分。这也使得，在沿海地区，"天人合一"不仅是人与海洋的合一，也是人际关系、人己关系的合一，更多强调的是互惠共生，而非对立冲突。

此外，作为边疆的一部分，沿海地区历来是民族多元与文化多元汇聚之地。长期以来形成的渔盐交商海洋实践，使得沿海民众发展出一套人与海洋和谐相处的生存法则和本土知识。由于从海洋中获取食物的能力有限，加之经常遭遇狂风、暴雨及沉船等灾害，他们将自己的生计生活与海洋及神灵的庇佑联系到一起。出于对海洋的敬畏，沿海民众还发展出了妈祖、龙王等海洋民俗信仰来祈求平安顺遂。这种长期以来形成的人与海洋共存的文化传统与本土知识，成了海洋生态文明建设的文化基石及人海和谐的思想渊源。

（二）人海和谐与海洋生态文化的培育

海洋生态文明建设的核心，就是坚持人与海洋的和谐共生。人海和谐对海洋生态文明建设的文化形塑作用，主要在于近代以来随着海洋科学技术发展与海洋开发能力提高所带来的人海关系的扭转，以及对征服海洋和个人利益最大化的海洋思想文化观念的纠正，从而重构一种人海和谐的社会文化观念和生计生活方式。在这一过程中，人海和谐能够发挥形塑作用，除了与"天人合一"等中华传统生态文化价值相契合外，更为重要的是，它所携带的知识、价值与理念符合当下海洋生态环境治理的现实需要，有助于生产生活方式的生态转型。

沿海渔民对于海洋生态环境恶化有着更为直观的感受，由此带来了对人海关系的反思和海洋生态文化的发展。在海洋污染和渔业资源过度捕捞之后，渔获逐年减少，能够捕捞到的鱼类品种越来越少、规模越来越小，甚至很长一段时间内只能捕捞上来一些小鱼小虾，这直接威胁到渔民生计安全和生活方式的可持续。不可持续的生计生活方式使得渔民们对人海关系进行反思，渔民们开始认识到，海洋渔业资源不是取之不尽、用之不竭的，海洋生态环境也不能只破坏不保护，为了实现生计生活方式的可持续发展，必须改变现有的生计形态和生活方式。从这个角度而言，海洋生态与渔民生计的双重危机，使得海洋生态文化的轮廓及关键议题逐渐明晰起来。海洋生态文明建设有效地促进了海洋发展方式的生态转型，有助于海洋生态修复和保护，促进了海洋经济发展和海洋环境保护的双赢，从而实现了海洋渔村的可持续发展，为海洋文化的传播和发展提供了社会环境或社会基础，有助于推动人海和谐的海洋生态文化的培育和发展。

近年来，随着海洋生态的修复及保护，滨海旅游业等产业得到发展，人海关系开始走向互惠共生，渔民们深刻地感受到海洋保护所带来的生态效益、经济效益与社会效益，新的绿色发展价值观和生活模式在渔村落地深耕。过去饱受渔业资源枯竭困扰的海岛渔村，如今已经成了旅游热点，成了沿海地区居民享受假期的好去处，实现了从渔业捕捞向滨海旅游的转型。形成节约资源和保护环境的空间格局、产业结构、生产方式、生活方式，是生态文明建设的重要目标。渔民生计生活方式的生态转型，不只单纯意味着从过去第一产业的渔业捕捞和海水养殖，向第三产业的滨海旅游业等海洋新业态的转移，更意味着生产方式、生活方式的转变，以及一种海洋生态文化的传承与发展。

三　制度环境与人海和谐的发展

在人与自然和谐共生的中国式现代化建设中，海洋生态环境治理直接表现在对渔民等社会主体的传统生计生活行为进行限制上，导致了经济社会发展方式的转型及人海关系的突破。在这一过程中，重塑人海和谐共生的制度与政策，以及由此而来的生计生活方式的生态转型，一直贯穿于整个海洋生态环境治理的过程之中。

（一）制度约束与渔民生计生活方式转型

党的十八大后，随着生态文明建设及乡村振兴战略的推进，"坚持农民主体地位""充分尊重农民意愿，切实发挥农民在乡村振兴中的主体作用"等原则和内容被明确，农民的主体性得到肯定与增强，乡村建设进入新的阶段。① 2015 年，中共中央、国务院通过的《关于加快推进生态文明建设的意见》提出要"提高全民生态文明意识。积极培育生态文化、生态道德，使生态文明成为社会主流价值观，成为社会主义核心价值观的重要内容"，"将生态文化作为现代公共文化服务体系建设的重要内容，挖掘优秀传统生态文化思想和资源"，这不仅为加快形成推进生态文明建设的良好社会风尚提供了制度性引导，也为提高全民生态文明意识、培育绿色生活方式和促进公众积极参与提供了结构性条件。

由于政府重新介入社会、渔业补贴政策日渐完善和政府投入乡村振兴的公共资源增加，政府及其制度等权威资源在渔村经济社会发展中的作用变得越来越重要。例如，渔民很大一部分经济收入就来自国家的财政惠农政策。在这一过程中，党和政府还针对贫困渔民等弱势群体在生计生活方面的实际困难积极介入，以渔业生计方式转型和替代性生计发展为抓手，意在打破渔民与乡村干部的隔阂，政府及村集体在渔民生计生活中的重要性也重新得以彰显。在党和政府的主导之下，"绿水青山就是金山银山"的生态文化观念及绿色发展理念逐步深入人心，渔民生产生活方式的绿色化和生态化得到推进。

海洋生态文化的本质是促进人与海洋协同发展，此为海洋生态文明建设的核心内容之一。② 各地政府也将海洋生态文化建设摆在突出位置，在海洋生态文化挖掘、海洋生态意识培育、海洋生态保护教育、海洋生态产品供给、海洋生态宜居环境创建等方面下大功夫，各地海洋民俗、海防遗址、疍民文化、渔船文化、航海文化、红树林文化、珊瑚文化、滨海建筑、渔民特色饮食等与民生密切相关的文化产业取得积极成效，人海和谐的社会文化基础得到巩固。除此之外，各地政府还根据各地海洋生态资源现状，选取合适的区域建设了一大批海洋公园，区域滨海生态旅游得到发展，全社会"亲海、爱海、知海"空间得到拓展。

简言之，海洋生态文明建设作为一种环境政策，其主要特征之一就在于其规范准则背后的价值理念是由社会共有和共享的，在于人海和谐的价值引导和文化塑造。在一个共同的价值观和不断培育的海洋生态文化基础

① 卢丛丛：《行政替代自治：乡村振兴背景下乡村建设的实践困境》，《地方治理研究》2022 年第 2 期。
② 王芋萱、李震：《我国海洋生态文化遗产的保护与传承》，《生态经济》2018 年第 4 期。

上，人海和谐不仅提供了生计生活方式转型的目标取向，同时也为海洋生态环境保护及公共利益的实现提供了规范和准则。随着海洋生态文明建设与生产生活方式的生态转型，社会主体逐渐接受人海和谐的文化观念并形成了相应的环境意识。

（二）制度的内化与人海和谐的推进

海洋生态文明建设从本质上而言，是一种的政府主导的、自上而下的环境政策实践。在海洋生态文明建设与新的海洋生态文化体系建构的过程中，正式的制度约束与非正式的文化约束是两种不同的制度观。正式的制度约束是基于明确的价值观念和理论理性而制定的明文规则①，简单化与明晰化是其特点②。而对于非正式的文化约束或道德约束而言，其合理性具有局部性与模糊性的特征。然而，在制度变迁的过程中，正式的制度约束与非正式的文化约束之间并不存在根本性的区别，前者是对后者的制度化回应，并依附于后者而得以存续；而后者则是前者的实践效果，并使得前者在更大的范畴中得以实现。

在沿海渔村，非法捕捞等海洋生态环境破坏行为大量出现，其文化根源在于一种公共性的消失、本土生态知识的消亡与族群利益的持续受损，进而导致一种合作文化与海洋保护意识的消逝。而制度约束的一个基本论点是，人海和谐的生计生活方式越是能够有效发挥"绿水青山就是金山银山"的作用，社会主体也就越能够获得其对生活际遇和生计状况的认知，因此通过海洋生态环境治理去改善生计生活状况的能力也就越强。随着近年来城乡融合发展的推进，旅游公司、酒店及餐厅等城市外来资本的进驻，其对海洋渔村经济的拉动与海洋绿色社会建构的作用毋庸置疑。为此，地方政府开始将滨海旅游开发与海洋生态环境治理及海洋渔村发展方式转型等问题结合起来，并不惜投入大量资金用于道路建设、污水处理设施建设、交通码头改造和扩建等渔村公共设施改造，从而增强城乡互动和拉动城市资本投资海洋渔村，共同推动滨海旅游开发。

在海洋生态文明建设的过程中，渔民通过遵守政府制定的规则，在一

---

① 肖瑛：《从"国家与社会"到"制度与生活"：中国社会变迁研究的视角转换》，《中国社会科学》2014 年第 9 期。

② 詹姆斯·C. 斯科特：《国家的视角》，王晓毅译，社会科学文献出版社，2004。

定程度上可以弥补个体理性所带来的集体利益损失，从而通过集体行动来实现生计生活方式的转型及绿色发展。这意味着，一种集体行动逻辑的实现，本身就是自身利益最大化的体现。这也就意味着，海洋生态文明建设在海洋渔村的具体实践过程中，进一步内化为"内部规则"、非正式制度及渔民的思想文化观念，是渔民在日常生产生活过程中所自发遵守的有效制度安排。简言之，在政府主导的海洋生态文明建设的制度执行过程中，民众根据对政策提供的资源及政策目标的学习，对其生计生活方式进行不断调整和调适，以更好实现人海和谐的政策目标，最终实现社会文化变迁。然而，社会文化变迁是一个富有弹性而复杂的社会过程，其中必然伴随着人海关系的不断调适，从而对人海和谐这一政策目标的达成形成强大的社会文化制约。

四　社会主体性与人海和谐的实现

（一）社会共识的凝聚与社会主体性的激发

当前，海洋生态文明建设面临的一个根本性困境是政府主导的局限性和社会参与的有限性。国家主导虽然在一定程度上推进了海洋生态环境治理，但由于经济效应一时难以体现，许多地方政府的积极性和创造性明显不够，对涉及治本的海洋经济转型、近海渔业资源管理、海湾综合治理等紧迫问题更是放弃承担责任或搭便车，缺乏寻求跨域合作解决方案的意愿和行动。社会参与的有限性指的是由于海洋生态文明建设在一定程度上限制了传统渔民、涉海企业等传统海洋利用主体的行为，一些渔民或企业在转型的过程中甚至面临生存和发展的困境，加之海洋生态文明建设的利益表达机制和社会参与机制不畅，导致非政府组织、涉海企业、当地渔村、个体等社会行动者没有参与渠道或者不愿意参与海洋生态文明建设，甚至还会因为禁渔等政策引发一些新的社会矛盾与社会冲突。

尽管社会弱参与在生态文明建设中具有普遍性，但在海洋社会中却具有特殊性。在陆地上的城市与农村社区中，生活着大量本地居民，社区是他们的生活世界，生于斯、长于斯的本土意识使他们特别注意社区内部及周边的生态环境问题。当生态环境问题可能发生时，他们还会通过邻避等集体行动，来尽量避免其发生；当问题发生时，他们则会通过环境运动等方式，来推动政府和企业进行环境治理。然而，海洋上缺乏长期定居的居民，虽然渔民、水手等海上流动人口也会关注海上生态环境治理问题，但他们毕竟缺乏"海洋即家园"的本土意识，使得海洋上缺少"环境监察者"群体。渔民等海上居民有时也会关注海洋生态环境问题，但他们人数较少，而且更多关注生计问题而非生态问题，从而难以实现海洋生态环境问题的"问题化"。加之海洋生态环境治理的专业化程度高，进一步制约了海洋生态文明建设的社会动员和社会参与。

为此，在海洋生态文明建设的过程中，如果海洋生态环境治理不能够满足渔民的利益诉求并促进其进行公共参与，不能促进渔民人海和谐观念的培育和海洋生态文化的发展，那么，即使制度是以实现海洋生态修复与保护为目的，其在实践过程中也会出现治理失灵的问题。这样的制度不仅难以发展出相应的社会秩序与文化观念，甚至会成为渔民道德溃败、社会秩序混乱及海洋公地治理失序的重要原因。为此，在海洋生态文明建设的过程中，让更多的渔民愿意留在渔村，并愿意投身海洋生态环境治理，关键在于通过顺应他们不断成长的主体性自觉，以及不断的生计生活方式的生态转型与可持续发展，来满足他们对于美好生活的需求，从而带动人与海洋的关系，以及人际关系、人己关系的不断变革与动态平衡。

渔民等社会主体对海洋生态文明建设的主体性自觉对海洋生态环境治理而言是至关重要的。具体而言，这种主体性自觉是指他们意识到海洋生态文明建设对于其生计生活方式可持续发展的重要意义，并因此积极主动地参与到海洋生态文明建设的过程中。近年来，随着中国城镇化进程的推进和人民群众生活水平的普遍提高，优美的海洋渔村生态环境越来越受到青睐，渔村与城市的互动关系网络得到了强化。为此，滨海旅游开发不仅是一种扎根于海洋社会深处的海洋经济活动，而且日益发展成为一种深植于海洋渔民与城市游客关系网络的海洋经济活动。城镇居民不仅对海鲜的消费水平增长快速，对优质海洋生态产品的需求也大幅增多。例如，滨海旅游开发既能够提供更多优质海洋生态产品以满足城市居民对优美海洋生态环境的需要，又能够推进渔民传统海洋经济活动的生态转型和增强海洋渔村发展韧性，因此，其越来越多地被城镇居民接受和选择，并成为推动海洋生态环境保护和海洋绿色社会建设的重要经济活动。

（二）社会内生性动力与人海和谐的实现

在实践过程中，社会主动参与并发挥积极作用，在一定程度上取决于其所处的海洋文化环境。为此，强调一种人海和谐的海洋生态文化，成为海洋生态文明建设的应有之义与重要支撑。这不仅应考虑渔民、渔村的海洋生态文化传统或本土生态智慧，也应更多考虑海洋生态文明建设所带来的文化建设和海洋生态文化发展。作为海洋生态文明建设社会文化机制的重要组成部分，文化建设与海洋生态文化发展或许不需要刻意去追寻，它是一个自然而然的社会文化过程，反映了人海和谐这一文化观念得以传播的影响，是自上而下的制度优越性和自下而上的社会文化机制有机结合的必然结果。

人海和谐的实现会强化民众对政府主导型海洋生态文明建设的理解、信任与支持。只有保护好海洋，才能够实现"靠海吃海"的生计生活方式的可持续。为此，海洋生态文明建设的社会动力，来源于通过海洋生态环境治理和经济社会发展方式的生态转型，从而发挥海洋生态资源的市场价值，使其成为社会动员、社会参与及环境意识增强的催化剂。海洋生态文明建设是为了给广大人民群众提供更多优质海洋生态产品，以满足人民群众日益丰富的物质文化和生态需求，海洋生态文明建设最终也需要依靠群众。此外，中国的海岸线漫长、海疆辽阔，光靠政府难以实现全方位的治理和保护，只有社会的广泛参与才能使海洋生态文明建设真正落地生根，即要通过一种生态利益的自觉①，来促进社会参与和生计生活方式的生态转型。从更深层次而言，推动海洋生态文明建设要在全社会形成一种"知海、亲海、爱海"的绿色生活方式、文明生活方式。为此，海洋生态系统的修复与良性运行，离不开人与海洋的和谐共生和协调发展，也离不开社会的参与，更离不开节约海洋生态资源和保护海洋生态环境的生产生活方式的形成。

从路径上而言，海洋是渔民生计生活方式的物质基础，海洋生态文明建设的内生性动力或社会主体性，从根本上取决于渔民等社会主体能够通

---

① 陈阿江：《再论人水和谐——太湖淮河流域生态转型的契机与类型研究》，《江苏社会科学》2009 年第 4 期。

过海洋生态修复与保护来获得持续和稳定的经济收益。在过去的 10 多年中，由于滨海旅游等新业态的发展及乡村振兴的推进，向渔村回流的年轻渔民开始出现并增多。一些城市资本也积极向渔村寻找发展空间，开始在渔村开设民宿、餐厅及开发其他旅游产品，且数量有增长趋势。这预示着渔村生计生活方式的生态转型和人海关系的和谐，也在进一步推进城乡资源的双向流动和城乡融合发展，海洋生态环境治理与保护的社会主体性自觉在这一过程中得到稳步提升。

五 结语

综上，结合改革开放以来中国的现代化建设及海洋文明的转型历程，作为一种新的、生态的海洋文明形态，海洋生态文明建设为沿海地区经济社会发展方式的生态转型提供了一个良好的制度环境和社会文化氛围，它既是一种简约适度、绿色低碳的生活方式，也是合理消费与可持续生产的经济社会行为，体现的是人与海洋和谐相处、互惠共生的有机关系，即人海和谐。这就意味着，人海和谐作为一种文化建设，是在海洋生态文明建设的社会实践过程中形成的，是人与人之间社会关系协调和人与海洋生态秩序重构的具体体现，它在规范人们的海洋生态资源占用行为和协调人与海洋关系方面发挥着重要作用。

人海和谐的实现，关键在于形成长期而稳定的社会主体性。正是海洋生态系统与海洋社会系统的紧密互动，以及国家、市场与社会的互惠共生，才产生链式反应和形成巨大生态效益、市场效益与社会效益，民众保护海洋的行为得到了补偿和正向激励，进一步强化了人海和谐共生的意识和行动。在效果上，人海和谐在于其能够更好地整合海洋生态资源、经济发展方式生态转型以及社会动员、社会参与和环境意识增强等各个要素，为人与海洋和谐共生的现代化目标而共同努力。在这一过程中，人与海洋的互惠共生不断创造出新的正循环和正向激励，为海洋生态文明建设提供了源源不断的社会文化资源。

在海洋生态文明建设过程中，相对于价值的塑造与制度环境的创造，如何将海洋生态环境保护内化为一种文化观念与行为习惯值得我们思考，社会主体性的激发将会是一个长期且更加复杂的社会过程。由于海洋生态环境问题局部改善、整体恶化的趋势并没有得到根本扭转，工业化和城市化进程中的渔民外流与渔村空心化问题仍然在蔓延，不仅乡村振兴面临挑战，海洋生态环境治理也面临新问题。为此，国家需要继续重视人海和谐的价值形塑作用，并为其培育和发展提供制度环境，从而进一步激发社会主体性和推进海洋生态文明建设。

走进海洋生态文明建设的现场，深入观察和体验沿海居民参与海洋生态环境治理的具体实践，是认识、理解和实现人海和谐的基础，也是构建海洋生态文明理论体系及开展经验案例研究的基本路径。充分借鉴西方海洋社会文化研究的优秀成果，致力于扎根中国的海洋生态文明建设及人海和谐的具体实践，展示人海关系的复杂性和提炼海洋生态环境治理的社会文化动力，不仅可以为海洋生态文明建设提供社会学的理论回应与阐释，也将为社会学的想象力拓展与跨学科知识生产提供新的机遇。

北极研究

北极原住民研究：维度、特征与人海关系的再思考

李文秀*

摘　要：在气候变化背景下，北极地区日益成为国际政治的热点地区。为应对北极治理挑战，我们需要全面系统地理解当前学界对北极原住民的研究成果。北极原住民研究多在社会问题、组织形式、国家政策和国际合作四个方面呈现未来利益既得化、两种叙事以及现实主义的特点。目前，北极原住民研究存在碎片化、缺乏连贯性与系统性等问题。为此，相关研究应该进一步系统全面，尝试运用北极原住民与海洋环境关系变化的新视角，填补原住民研究的空白，探索北极治理新方向。

关键词：原住民　原住民组织　因纽特人　环北极理事会

在全球气候变化的背景下，北极地区日益成为地缘政治的重点地带和全球经济活动的新兴地区。北极研究既成为国际社会的热门话语，又成为国际关系学研究的重要主题。北极及其原住民的动向，既影响着原住民所在国家的政策走向，也成为北极域外国家北极战略的重要研究对象。学界对北极原住民动态的关注，已经成为北极研究重要的一部分。关注学界的北极原住民研究，对洞悉北极研究动向有着深远的意义。

一　研究维度

北极原住民常被看作北极最早的居民，是北极变化最直接的受众，同时

* 李文秀，中国海洋大学国际事务与公共管理学院国际关系专业 2021 级硕士研究生，研究方向为极地与海洋政治。

也是北极事务中具有发言权的行动者。根据研究维度划分，现有的北极原住民研究多集中在社会问题、组织形式、国家政策和国际合作四个方面。

（一）原住民的社会问题

"社会学通常将社会问题定义为威胁现存社会秩序、引发社会动荡不安、动摇既定价值结构或实体结构的社会现象。"① 一般而言，依据社会问题的影响范围，可以将其划分为人口问题、环境问题、收入差距问题、住房问题、腐败问题等类型，这些问题的解决都需要社会层面的努力。北极原住民的社会问题也与上述议题有着密切联系。

第一，原住民人口问题。学界按照定居区域，将原住民分为北美、北欧和俄罗斯三个部分。现有研究表明，原住民人口整体呈现加速增长和结构年轻化的特点②，且人口规模小、分布范围广，与重要资源的分布密切重叠。学者统计原住民人口的主要渠道是北极国家官方人口统计数据。张侠曾研究过2001 年和 2006 年北极地区的人口状况，并分析其演变趋势。不过原住民一词缺乏一个具有特定特征的公认定义。北极国家对原住民的界定不统一，对北极范围的界定不统一，再加上官方资料获取困难，各国资料统计的标准也不同，因此学者统计的原住民人口数量存在差异。③

第二，原住民与环境问题。北极地区及其居民对气候变化的敏感性引起了广泛关注。在这一领域，研究的重点对象是加拿大因纽特人，他们是原住民中人数最多的一支。潘敏、夏文佳表示，气候变化使得加拿大因纽特人的传统狩猎活动、采矿业和旅游业都受到不同程度的影响。④ 研究的主要内容是原住民面临的具体环境挑战，既包括自然环境也包括社会环境，比如海冰融化⑤、重油和黑炭排放污染。此外，Wilfrid Greaves 比较了因纽

---

① 郑杭生主编《社会学概论新修·精编本》（第二版），中国人民大学出版社，2015。

② 潘敏、夏文佳：《北极原住民自治研究——以加拿大因纽特人为例》，《中国海洋大学学报》2010 年第 6 期。

③ 彭秋虹、陆俊元：《原住民权利与中国北极地缘经济参与》，《世界地理研究》2013 年第 1 期。

④ 潘敏、夏文佳：《论环境变化对北极原住民经济的影响——以加拿大因纽特人为例》，《中国海洋大学学报》2013 年第 1 期。

⑤ Breanna Bishop, Jade Owen, Lisette Wilson, Tagalik Eccles, Aldo Chircop and Lucia Fanning. "How Icebreaking Governance Interacts with Inuit Rights and Livelihoods in Nunavut: A Policy Review". *Marine Policy*, 2022.

特人和萨米人两个群体对待环境和社会挑战的态度。

第三，原住民心理和文化冲突问题。一方面，因纽特人出现高自杀率、酗酒、暴力与歧视等社会心理问题，学者将这一问题看作多因素综合作用的结果。比如，对原住民自杀率高的解释包括特殊地理因素、历史创伤、文化断层、基础设施不完善等。另一方面，原住民的传统生活方式，引起代际文化冲突。同时，传统文化也受到现代文明的冲击。① 部分学者依据后殖民主义理论，提出大多数社会问题是殖民历史的"后遗症"，比如保留地制度、寄宿学校制等措施使得原住民社会被置于联邦政府的控制之下；原住民女性遭遇的歧视和暴力则来自殖民者对原住民女性民族身份与性别身份的操纵与改造。②

气候变化使得原住民面临自然和社会的双重挑战。学者们对这一问题的研究，展现了原住民人口、环境和社会问题的严峻性。对此，原住民积极面对气候变化带来的挑战和机遇，这成为学者们研究的另一个重点方向。

（二）原住民组织的北极参与

在对原住民参与北极治理的研究中，原住民组织是一个不能被忽略的存在。部分研究关注原住民组织的兴起和发展特点，但多数研究聚焦其参与北极治理的过程。叶江认为，原住民对北极事务的影响力完全是通过原住民组织形成的。③ 因纽特人北极圈理事会（ICC）在北极治理中的突出地位在学界基本达成共识。李振福等表示，ICC 成功影响、重塑了北极治理的治理理念、权力结构与地理空间。④ Jessica Shadian 则认为，ICC 是北极政策制定过程中的重要声音，是北极地区的政治权威。⑤

首先，在区域层面的研究主要有三种。其一，研究原住民组织参与区

---

① 邹磊磊、付玉：《北极原住民的权益诉求——气候变化下北极原住民的应对与抗争》，《世界民族》2017 年第 4 期。

② 王军、赵杨琼：《殖民历史、歧视与暴力——当前加拿大原住民女性困境的根源》，《贵州民族研究》2020 年第 10 期。

③ 叶江：《试论北极区域原住民非政府组织在北极治理中的作用与影响》，《西南民族大学学报》2013 年第 7 期。

④ 李振福、韩春美、张琦琦：《北极治理研究：主体对象、模式路径、评价与展望》，《学术探索》2021 年第 4 期。

⑤ Jessica Shadian. "Remaking Arctic Governance：The Construction of an Arctic Inuit Polity". *Polar Record*，2005，pp. 249 – 259.

域治理的原因。原住民一直致力于提高在北极相关政策制定过程中的参与度，维护自己在北极的合法权益。其二，研究原住民组织参与的主要平台。北极理事会和巴伦支海欧洲－北极地区联合理事会是两条关键途径。① 潘敏、郑宇智表示，北极理事会金字塔式的权力结构和等级格局在强化原住民参与者身份的同时，变相规避了原住民参与北极事务的表决权。②其三，研究原住民组织的地位和作用。学界对原住民组织作用的主流认识是其在北极事务上是一支不能被忽视的力量，但"它们仍无权决定北极治理的国际走向"③。

其次，在全球层面的研究中，学者关注原住民组织如何利用全球性规章制度和平台来帮助自身治理北极。此外，原住民组织将北极治理问题转变为全球治理问题的尝试也在此研究范围之内。阮建平注意到 ICC 曾召开"原住民气候变化全球峰会"，并将会议报告提交《联合国气候变化框架公约》缔约方大会。通过这一形式，原住民组织得以影响国际谈判进程，从而维护自身利益。

最后，在国家层面的研究中，学者注意到冷战后，原住民组织的国家影响力不断增强。其一，原住民组织推动"对北极区域各国形成主动使用'原住民知识'的这一想法"④。其二，原住民组织在土地和资源权利上的话语权提升，其中阿拉斯加原住民的土地权利运动和努纳武特自治政府受到学者关注。

原住民组织将分散在各地的原住民联合起来，形成一股合力。一方面，原住民组织通过参与国际事务表达自身诉求，扩大自身影响力。另一方面，它们在国内为了获取土地资源、政治权利、经济权益而不断抗争。

（三）北极国家的原住民政策

各国的北极政策尽管存在差异，但都是国家意志和利益的体现，其主

---

① 阮建平、瞿琼：《北极原住民：中国深度参与北极治理的路径选择》，《河北学刊》2019 年第 6 期。
② 潘敏、郑宇智：《原住民与北极治理：以北极理事会为中心的考察》，《复旦国际关系评论》2017 年第 2 期。
③ 李振福、韩春美、张琦琦：《北极治理研究：主体对象、模式路径、评价与展望》，《学术探索》2021 年第 4 期。
④ 叶江：《试论北极区域原住民非政府组织在北极治理中的作用与影响》，《西南民族大学学报》2013 年第 7 期。

题和议题围绕着北极开发而展开，这无疑对当地原住民的生活产生极大影响。学界一直致力于寻找各种途径，以使原住民在制定北极政策的过程中发挥更大的作用。

一方面，政策中的原住民利益往往处于被忽略或被限制的状态。Robert P. Wheelersburg 关注到瑞典长期利用立法和司法来限制萨米驯鹿牧民的合法权益。由此，他认为原住民很多时候只能寄希望于所在国家的善意，期盼政府承认并保护与之相关的经济和文化权利。[①] Inker-Anni Sara 等的研究表明，虽然萨米人在芬兰和挪威拥有法律权利，但政府与萨米人协商时，依然存在信息不完整、缺乏透明度和未能建立信任关系的局限。[②] Liubov Sulyandziga 发现在俄罗斯优先开采资源的地区，原住民的意见往往被忽视。[③] 在过去三年，美国、德国、加拿大、瑞典等国都发布了新的北极战略。除印度以外，所有国家都强调安全风险，或首次提及这一问题。不过正如 Wilfrid Greaves 所指出的，原住民提出的安全要求被排除在他们所居住的殖民移民国家的政策和实践之外。

另一方面，在研究北极战略时，学者们发现各国至少在言辞上都重视原住民北极安全和北极利益最大化。Zellen 比较了在北极最活跃的国家的北极政策和战略中，"indigenous""native"等术语的使用频率。美国、俄罗斯、中国和日本都有不同程度的提及，而加拿大 2019 年的北极政策则达到了惊人的 188 次。这在一定程度上表明，加拿大政府与北极人民的共同管理已从资源管理发展到国家政策拟定。[④] 学界注意到，加拿大原住民在海洋政策的制定和参与过程中，由象征性参与变为发挥实质性作用。以加拿大的破冰政策为例，Breanna Bishop 同其他学者研究这一政策如何与努纳武特因纽特人的权利和生计相互作用。与此同时，原住民问题在俄罗斯最新的北

---

① Robert P. Wheelersburg. "Swedish Sámi Reindeer Herders Seek Indigenous Rights". *Arctic Yearbook*, 2021.

② Inker-Anni Sara, Torkel Rasmussen and Roy Krøvel. "Defining the Limitations and Opportunities in the Consultation with the Sámi：The Cases of the Arctic Railway and the Davvi Vindpark". *Arctic Yearbook*, 2021.

③ Liubov Sulyandziga. "Indigenous Peoples and Extractive Industry Encounters：Benefit-sharing Agreements in Russian Arctic". *Polar Science*, 2019.

④ Barry Scott Zellen. "Indigenous Peoples and the State：Toward a Universal Convergence of Arctic Reconciliation". *Arctic Yearbook*, 2021.

极政策中明显突出。学者对这一现象的解释是俄罗斯认识到在原住民权利和赋权领域，采取更加积极主动的态度可能会带来外交优势，更好地保障其安全。还有俄罗斯学者通过石油公司和驯鹿牧人的例子，表明现有法律的使用以及利益趋同可能会给原住民带来更大的权利。[①]

因为原住民和北极国家对北极的认识有很大的不同，因此，两者就北极问题展开对话时，固有的紧张关系便会出现。这一关系也创造了巨大的学术空间。北极国家的学者常常就某一制度或法律来研究国家与原住民之间的冲突和合作，积极关注国家对原住民态度的变化和原住民的参与程度。

（四）北极事务的原住民参与

原住民对与自身有关的研究活动、政府决策和经济活动享有自由和事先知情权。而原住民如何获得和维护这些权益一直是学者研究的重点问题。

首先，学者关注原住民与政府间的各类博弈与合作。在博弈方面，努纳武特自治政府这一重要成果自然受到学者的关注。而在合作方面，学者试图解决原住民与所在地区资源项目合作中的不平等问题。一是北极开发中的责任问题，Thelma Sefakor Alubankudi 提出俄罗斯北部需要充分履行现有立法和工业公司的社会承诺和环境承诺。[②] 二是利益分享问题，学者探讨了在国际标准下，北极采掘业在实践中分享利益的不同模式。

其次，学者发现原住民多参与环境领域的国际合作。闫鑫淇、赵宁宁借助批判地缘政治学视角，发现原住民一直在构建强化以"传统知识"为媒介的权力逻辑[③]，强调"传统知识"在减轻和缓解气候变化问题上的核心作用。Henrik Selin 和 Noelle Eckley Selin 表示原住民通过游说各国政府、参与科学评估以及在区域和全球政治论坛上的直接宣传，对北极有害物质的

---

① Maria Tysiachniouk, Laura A. Henry, Svetlana A. Tulaeva and Leah S. Horowitz. "Who Benefits? How Interest-Convergence Shapes Benefit-Sharing and Indigenous Rights to Sustainable Livelihoods in Russia". *Sustainabilit*, 2020.

② Thelma Sefakor Alubankudi. "Sustainable Development of the Arctic Indigenous Communities: The Approach to Projects Optimization of Mining Company". *Nordicum-Mediterraneum*, 2021, Vol. 16, No. 3, pp. 114.

③ 闫鑫淇、赵宁宁：《批判地缘政治学视角下原住民组织对北极事务的参与和影响——以因纽特环北极理事会为例》，《世界地理研究》2021 年第 1 期。

管理产生了相当大的影响。① 但在这一领域，原住民组织开展合作困难重重。一是多国合作和协调难度较大，"对于本身不产生经济价值的环保项目，各国兴致很难高过产生巨额经济价值的能源开发项目"②。二是在具体的环境项目合作上，北极国家也不愿在该领域起领导作用，而且多是采取双边合作而不是北极理事会框架下的多边合作。原住民能发挥的作用被局限在数据收集和发布报告等方面。

最后，非北极国家学者试图寻找本国与原住民合作的路径。这是因为西欧和亚洲的非北极国家对北极事务的实质性参与程度日渐加深。罗颖认为中国和俄罗斯原住民的未来合作有渔业、食品、旅游业和生物制药等方面。不过，目前研究大多是在论证阶段，设想的合作途径包括政府、企业和科学合作，合作建议有发挥科研人员的认知共同体作用，建立与北极原住民组织对接的职能部门，摆脱单纯依靠经济要素的比较优势等。除此之外，韩国政府正在以两种重要方式寻求北极合作。

也有研究指出，原住民的国际合作建立在良好的国际法律制度基础上，但现有的北极治理机制存在诸多问题。一是特别适用北极地区的"硬法"缺失。《世界人权宣言》《联合国原住民权利宣言》等多数宣言不具有约束力。二是北极理事会对北极原住民组织的资格和定位限制了其应当发挥的作用。有研究指出，在属于北极理事会的原住民组织中，只有 ICC 更好地参与了北极事务的治理工作。三是在国家层面，研究表明，虽然在利益分享方面存在良好做法，但原住民仍然缺乏在战略规划中发挥有意义作用的机会。

原住民尽管地处偏远、数量相对较少，但对北极的安全至关重要，为此各国政府与原住民展开了密切合作。学者们清晰地认识到两者合作机制不完善的问题。不过国内的研究不管是在具体合作项目上，还是在对资金的投入领域、与原住民组织对接的运作流程上，都存在探讨不够深入的情况。

---

① Henrik Selin and Noelle Eckley Selin. "Indigenous Peoples in International Environmental Coopera-tion: Arctic Management of Hazardous Substances". *Review of European Community and Interna-tional Environmental Law*, 2008, pp. 72 – 83.

② 张敏娇：《论气候变化条件下北极治理面临的挑战及思考》，华中师范大学硕士学位论文，2013。

二　特征

（一）既得与未来：北极利益的认知差异

与北极相关的利益包括主权利益、安全利益、自然资源和航道资源。全球气候变化使得北极资源开发和航道利用成为可能，这些未来利益在学者的语境中变得现实化。

非北极国家学者研究呈现的特征之一是对与原住民相关的北极利益进行时间上的置换。对这些国家而言，通过原住民而有可能获得的北极合作利益，大部分不是现有的、既得的，而是在未来的某一个时间节点可能获得的。但目前的研究未能厘清既得利益与未来利益的区别。

特征之二是强调未来风险的紧迫性。研究是在气候变化话语下的研究，突出气候风险的威胁性、环境污染的后果性和预防治理的紧迫性。以下特点被学者反复强调：北极环境具有脆弱性、敏感性和独特性。有学者试图从北极可持续发展的角度来展现原住民问题的严重性，尤其是在采矿经济和旅游业两方面。除了以上两点，原住民无力应对现有变化、治理能力不足也成为主流结论。[①] 气候变化引发的一系列问题超越了原住民的调整和适应能力。论证方式主要有三种：一是根据具体案例；二是分析原住民在北极理事会中的地位，原住民在北极理事会中的从属地位导致其"依然不能作为一支政治独立力量来决定北极事务国际治理的走向"[②]；三是追溯历史，呈现原住民面临的社会问题的复杂性。

之所以出现未来利益和风险的时间置换，一是因为部分北极利益和风险已经成为现实，比如北极航道逐渐通航，北极海冰以可见的方式融化；二是因为受时空的限制，学者对原住民的现实生活存在偏差性理解；三是因为这种置换可以进一步强调北极问题的全球化，论证非北极国家参与的必要性，这是最关键的一点。

（二）两种叙事下的分歧

原住民和国际社会的北极叙事有很大的不同。原住民将北极看作人和

---

① 刘惠荣、陈奕彤：《北极法律问题的气候变化视野》，《中国海洋大学学报》2010 年第 3 期。
② 潘敏：《论因纽特民族与北极治理》，《同济大学学报》2014 年第 2 期。

动物共同生活的家园、自身文化的发源地；国际和国家政策更看重北极的地缘战略意义和经济价值。在原住民和全球的北极叙事分歧下，学者们也有着不同的立场。

1. 殖民主义与非殖民主义

学界对北极的定位不断变化，最初现实主义的观点将北极看作一个在气候变化下紧张和竞争不断加剧的地区。有学者指出，这一理解是不完整的，它忽略了北极同样存在促进合作和人类安全议程上的作用。现在北极逐渐成为推进全球可持续合作的旗帜，但原住民学者认为这一认识建立在"西方"和欧洲价值观之上。这样的认识既无助于解决原住民的实际问题，也忽视了原住民的能动性。因此，在传统的北极分析之外，学者做出了新的尝试，以原住民范式对北极相关问题进行重新解读。

首先，在主权和安全上，学者提出原住民主权和安全。国家主权深深根植于移民殖民文化，而原住民主权强调保障各国人民的权利和意愿。Nicolien van Luijk 认为，原住民主权不同于国家主权，强调在讨论北极主权时优先考虑原住民观点的重要性。北极安全应该在原住民主权而不是国家主权的框架下得到承认。其次，在气候变化上，学者也借助了原住民范式来展现原住民身体、精神和社会关系受到的影响。原住民范式关注要解决的问题，它创造了"批判性分析的空间，鼓励挑战殖民主义影响的基本对话"①。最后，在民族自决上，学者采用多元主义和非殖民主义的视角，探究民族－国家范式如何与西北航道的因纽特人自决产生冲突。②

以上都可以看作是学者对殖民主义的挑战，他们试图打破"西方"和欧洲价值体系，以非殖民主义的方法解决原住民问题，通过对相关问题的重新解读，论证原住民必须参与到决策和议程中的观点。

2. 共通性与排他性

北极国家和非北极国家的学者都基本认同原住民的声音在北极事务中被忽略的观点，但这一共识并没有使双方的合作更进一步。北极国家学者将原住民研究视为自身国家或地区问题，或将中日韩等亚洲国家看作外部

---

① Daria Burnasheva. "Understanding Climate Change from an Indigenous Paradigm: Identity, Spirituality and Hydrosocial Relations in the Arctic". *Arctic Yearbook*, 2020.

② Juliana Iluminata Wilczynski. "Beyond the Nation-State Paradigm: Inuit Self-Determination and International Law in the Northwest Passage". *Arctic Yearbook*, 2021.

影响者，认为其是日益强大、雄心勃勃的非北极国家。[1] 韩国海事研究所与阿留申国际协会（AIA）的合作被看作韩国参与北极合作的重要方式。北极国家学者认为，中日韩三国口头上支持北极地区并认为原住民具有脆弱性，同时也声称这种脆弱性的全球意义，是在为亚洲参与北极活动合法化而努力。

北极国家的学者研究原住民的政策参与、利益分享框架、受气候变化的影响等。即使他们有意站在原住民的立场，但其潜在的国家立场一直存在。尽管有上文提到的殖民主义和非殖民主义的对抗，但这也是针对国内政策的内在分歧。非北极国家的学者，特别是中国学者，一般都倾向于从国际关系领域研究北极原住民，强调自身与原住民的共通性，以及通过原住民及其组织与北极国家建立合作的可能性。

原住民和北极国家之间的断裂层，间接导致了研究中的分歧，比如对北极安全和主权概念的不同解读、北极国家和非北极国家学者的不同立场。或许学者们在气候变化、原住民地位等方面达成了共识，但北极学者很少从全球视角研究原住民，对非北极国家的排斥也持续存在。

（三）全球治理下的现实主义

在原住民研究中，国家主义理念在与全球主义理念的糅合过程中居于主导地位。[2]

北极国家学者研究原住民有以下原因。一是学者身处北极国家，甚至自身为原住民，对原住民群体的关切自然而然。而原住民与北极国家的关系复杂多变，面对强大的国家力量和传统的北极叙事，学者致力于寻找、建构原住民的北极话语，并为提高原住民参与度、维护原住民权益而努力。二是研究具体措施，解决现实问题，比如对俄罗斯原住民与采矿业之间的规范体系、政治冲突的研究，以及北极工业开发中与原住民相关的补偿基金和利益分享模式。学者试图明确北极开发中的责任问题，以及解决资源项目中的不平等问题。这些对原住民生存权利的思考是建立在世界各国参与北极资源开发的背景下的。现有的对原住民组织的研究表明，原住民的

---

[1] Sergey Sukhankin, Troy Bouffard and P. Whitney Lackenbauer. "Strategy, Competition, and Legitimization: Development of the Arctic Zone of the Russian Federation". *Arctic Yearbook*, 2021.

[2] 王传兴：《北极治理：主体、机制和领域》，《同济大学学报》2014 年第 2 期。

北极参与一直围绕着资源开发的主题。

在非北极国家学者的研究中，原住民的重要性被反复强调，背后的很大原因是为了国家利益。一是研究原住民的传统知识，学习他们对待自然的方式和部落组织原则、机制，进而更好地促进北极治理。二是研究原住民组织，通过对因纽特人北极圈理事会案例的解析，可以为中国拓展自身在北极地区的合作空间提供参考。[1] 三是研究原住民自治，以努纳武特政府的合作为"跳板"，参与北极事务，增加对北极事务的发言权。[2] 研究结果强调原住民在维护北极生物多样性中的重要性，其受到的不公平待遇、经济发展权利受限和参与环境议题缺乏渠道等，显示出北极当前治理机制的权重失衡。这样的结果可以为非北极国家和国际组织更多地参与北极各项事务的治理活动[3]、建设"和谐北极"提供依据。

总而言之，北极国家学者的研究仍离不开自身的国家立场和北极开发的主题。而非北极国家学者，特别是亚洲学者，认为国家深入参与北极治理离不开原住民群体的支持，加强与北极原住民的联系是维护自身北极利益的重要方式。

三 人海关系的再思考

在气候变化的背景下，北极的重要性日益凸显，北极治理逐渐成为热门话题。同时，国际社会日益认识到原住民在北极治理中的重要作用。当前学者在这一领域的研究成果为我们提供了极具启发性的观点，为分析地区治理、全球治理的发展趋势提供了范例。尽管如此，学界在这一领域的研究依然存在碎片化研究等不足，仍需不断探索拓展认知空间。

到目前为止，国内外对北极原住民的研究最显著的特点是研究碎片化、缺乏连贯性与系统性。这既体现在横向上研究分散在各领域，成果不互通；

---

[1] 闫鑫淇、赵宁宁：《批判地缘政治学视角下原住民组织对北极事务的参与和影响——以因纽特环北极理事会为例》，《世界地理研究》2021 年第 1 期。

[2] 潘敏、夏文佳：《近年来的加拿大北极政策——兼论中国在努纳武特地区合作的可能性》，《国际观察》2011 年第 4 期。

[3] 王玫黎、武俊松：《国际法视野下的北极濒危野生动物保护研究》，《野生动物学报》2019 年第 40 期。

也体现在纵向上彼此的成果无法继承。也就是说原住民研究呈现碎片化特点。一方面，非北极学者的研究大多是参与性议题，集中在描述性地梳理原住民相关知识、探讨原住民的社会问题和组织合作两个方面。总体来说，基础研究较弱，理论创新相对不足。在研究对象方面，也多局限于因纽特人北极圈理事会这一对象。因纽特人作为原住民中最主要的力量，确实值得重点关注。但是原住民整体的特性和内部的差异性，也应当受到重视。另一方面，北极学者研究主要探讨法律制度下的原住民生存与权益以及原住民范式，努力完善国家制度和政策。虽然有学者关注到原住民在外交方面的努力，但原住民的能动性还是未受到充分重视。

这一现象的出现主要有以下原因。一是原住民本身的特殊性。原住民地处广阔的北极地区，大多遵循传统的生活方式。不同原住民群体的生活习惯和文化差别较大。受到地理和信息的限制，学者缺少对研究对象的完整的系统性了解，因此研究或是集中在自身熟悉的地域，或者从宽泛的领域上讨论，比如原住民的社会地位。二是原住民与所在国家关系呈现历史性和复杂性。国际社会对原住民的定义一直没有达成共识，各国逐渐重视原住民也是近些年的事情。由于各国国情不同，原住民在参与北极政策制定的深入程度，以及受政策影响程度等方面都有所不同，并不能一概而论。而国家对原住民的态度使得原住民研究很难形成研究热潮。此前研究多依靠相关事件，比如俄罗斯插旗事件。事件的热度影响着研究的热度，不连贯的事件会造成研究的不连贯。

碎片化研究使学者无法确定自身研究在整个领域内的定位和价值，无助于解决原住民的实际问题。寻找一根将原住民研究连贯起来的主线，使各个领域的成果得以继承发展，是下一步需要做的。

北极研究是一门关注北极变化的专门研究。原住民是北极研究的重要研究对象，与环境的交互作用呈现复杂性的特点，这要求学者运用变化的、新颖的视角去研究。未来的研究或许可以以人类活动与北极海洋环境的关系为主线，实现研究的连贯性。

首先，原住民的生产、生活与当地的环境紧密地联系在一起。此前，原住民采取自然传统的生活方式，受到周围土地和水域的地理以及他们所依赖的动植物资源的影响。自然地理环境是原住民群体居住分散的主要因素，间接使得原住民群体的历史、文化不同。在原住民的自然环境和社会环境发生双重变化时，原住民面临的挑战和机遇也不同。作为全球性问题的环境变化，对北极原住民生活的影响是深刻的、全方位的，会引发原住民各方面的大变革。目前，学者普遍关注气候变化对主要原住民群体生活的影响，下一步可以结合当地具体的环境变化做研究，探寻原住民群体内部的差异性。

其次，原住民组织的北极事务参与主要是在环境领域。海洋具有明显的整体性和流动性，海洋环境污染超出陆地限制对北极人民生活造成严重破坏，比如重油、黑炭以及海洋重金属污染等危险物质。原住民组织在环境方面既有与国家的合作，也有与国际组织的合作。当前研究主要围绕 ICC 这一重要原住民组织展开，对其作用也有了普遍认识，但对其他组织的作用的研究存在空白。之后，学者可以继续以环境治理为主要内容，或者以具体环境治理合作案例为例，展现原住民自身的能动性作用；以领域交叉的方式，实现与其他环境研究成果的互联互通。

人类活动与海洋环境是相互作用的，这一点在北极地区表现得尤其明显。北极地区不断深入的人类开发活动深刻改变了当地的海洋生态系统，而海洋环境的变化又反过来影响了当地居民的生产生活。探究两者关系的变化，无疑可以丰富北极原住民研究的内容，拓宽研究的范围。

四　结语

当前，学者研究了原住民的社会问题、组织形式、国家政策和国际合作等内容。面对当前研究的不足，为进一步明确自身研究的定位和价值，学者应尝试建立由点到面、覆盖更广的研究网络，宏观地把握这一群体的特性。同时学者可以以环境问题为主线，不断加深对原住民的认识。这有助于对中国与原住民合作的现实性做出清晰的判断，也有助于将原住民合作与中国的北极利益和对北极事务的参与相衔接。

中国与冰岛北极合作的现状、动因及前景

陈祥玉[*]

摘　要：近年来，在全球变暖的影响下，北极也变热起来，成为世界的热点地区。中国与冰岛从 2012 年开始展开北极合作。本文在分析中国和冰岛北极合作现状的基础上，探析两国进行北极合作的原因，展望两国在北极事务上的合作前景。

关键词：中冰合作　北极政策　北极航道　共同利益

北极素有"第二个中东"之称，顾名思义，这一区域一直是世界各国争夺的目标，俄罗斯、美国和加拿大等大国之间的北极博弈日渐加剧。北极石油和天然气等矿产资源丰富[①]，同时还有着富足的渔业资源和较大的运输潜力。全球变暖、冰川融化使北极航道运输成为可能，北极航道运输不仅安全，而且能够节约很多成本。在北极已然成为热点地区的背景下，中国和冰岛出台了相应的北极政策，并且为了实现北极政策的目标，两国加强了北极相关事务的合作。本文将考察中国与冰岛开展北极合作的现状，并分析二者合作的原因，最后对合作前景进行展望。

一　中国与冰岛北极合作的现状

从 1971 年 12 月 8 日中国与冰岛建立外交关系开始，双方之间的外交往来一直持续不断，中国与冰岛关于北极的合作始于地热领域，这一领域

---

* 陈祥玉，中国海洋大学国际事务与公共管理学院国际关系专业 2020 级硕士研究生，研究方向为极地与海洋政治。

① 钱婧：《冰岛北极政策研究》，《国际论坛》2017 年第 3 期。

的合作也一直贯穿于迄今为止的北极合作过程中。自从 20 世纪 80 年代开始，冰岛先后为中国培养了 70 多名地热技术人员，中国是其培养地热人员最多的国家。2005 年至 2018 年，中冰地热领域的合作取得了丰硕的成果：签署了一系列关于地热合作的协议，其中最重要的是《关于合作开发利用咸阳地热资源协议书》和《地热和地学合作谅解备忘录》。此外，在 2006 年，中石化新星石油公司与冰岛极地绿色能源公司投资合作成立了中石化绿源地热能开发有限公司。① 2012 年借着中冰地热资源领域合作的东风，双方关于北极的合作也崭露头角。中国与冰岛在北极领域的合作可以划分为三个阶段：第一阶段是合作接触阶段（2012～2013 年），借地热领域的合作，实现初步接触并逐步展开合作；第二阶段是合作上升阶段（2013～2016 年），这一阶段中冰北极合作取得了一系列丰硕成果；第三阶段是合作成熟阶段（2016～2018 年），这一阶段，中国与冰岛双方态度更趋明朗，但是合作活动相较于第二阶段反而有所减少。

（一）合作接触阶段

如上所述，中冰在地热资源方面的合作取得了双赢的效果，中冰之间的关系也更趋友好。2012 年 4 月，时任中国国务院总理温家宝访问冰岛，这是中冰建立外交关系 41 年来，中国总理首次出访冰岛。当天温家宝与冰岛总理西于尔扎多蒂举行会谈，双方表示就北极事务展开合作。在此次访问中，中国与冰岛方面签署了《关于北极合作的框架协议》②，并表达了双方将携手开发北极资源的意愿。

通过此次冰岛之行，中冰在北极领域的合作取得初步进展。因此，此次我国国家领导人的冰岛之行，堪称中国与冰岛合作的破"冰"之旅。破"冰"之旅是中冰北极合作的第一步，在 2012 年 8 月，双方的合作又迈出了第二步。中国第五次北极科考队乘"雪龙"号极地科学考察船对冰岛进行访问，这是中国北极科考队首次访问北欧北极国家。冰岛总统格里姆松还在官邸接见了第五次北极科考队全体队员，并登上了"雪龙"号进

---

① 《中国同冰岛的关系》，http://news.cntv.cn/china/20120417/114958.shtml，最后访问日期：2023 年 1 月 10 日。
② 《中国冰岛将携手开发北极资源》，http://news.cntv.cn/20120424/119278.shtml，最后访问时间：2023 年 1 月 10 日。

行体验。① 这艘穿越东北航线而来的北极科考船只，对中冰加强北极合作具有里程碑意义。② 此外，中国极地研究中心还与冰岛大学、冰岛研究中心在阿克雷里市建立中冰联合极光观测台。通过这两次访问，中国与冰岛的北极合作之旅正式开启。在接下来的两年里，双方在北极合作的框架下积极展开合作。

（二）合作上升阶段

2012 年中冰合作成果丰硕，双方签署了关于北极合作的框架协议以及《海洋与极地科技合作谅解备忘录》。③ 同年，"雪龙"号极地科考船首访冰岛。从 2013 年开始，中国与冰岛在北极事务中展开具体合作，从这一年开始，中国派人参加了在冰岛举行的历届"北极圈论坛"。在这一年，中冰政府还共同发表了《中华人民共和国政府与冰岛政府关于双方全面深化合作的联合声明》。2014 年至 2016 年，中冰之间的北极合作主要是关于北极光观测方面的技术交流与基地建设。

（三）合作成熟阶段

2018 年 11 月，中国驻冰岛大使金智健会见冰岛外交部北极事务高官克雅尔汤斯多蒂尔，双方就加强两国在北极领域合作的一系列问题进行了友好交谈。④ 双方都明确了继续北极合作的态度，还讨论了关于北极的气候、环境保护等问题，但是并没有签订相关合作的新协议。这与国际大环境的变动有很大的关系，中国进入新时代后逐渐发展成为世界第二大经济实体，并且越发显示出社会主义制度的优越性。此时西方国家开始鼓吹"中国威胁论"，认为中国参与北极事务既是为了争夺石油资源，又是中国争夺东北亚地区霸权的一个重要方式。特别是美国、日本、韩国这些东北亚地区利

---

① 《"雪龙"号科考船将首次访问北极国家》，http://www.gov.cn/jrzg/2012－08/14/content_2204200.htm，最后访问日期：2023 年 1 月 10 日。

② 李振福、黄蕴菁、姚丽丽、李漪：《北极航线战略对中国海洋强国建设的催化作用研究》，《海洋开发与管理》2015 年第 5 期。

③ 《中冰两国政府关于全面深化双边合作的联合声明》，http://www.gov.cn/jrzg/2013－04/15/content_2378670.htm，最后访问日期：2023 年 1 月 10 日。

④ 《驻冰岛大使金智健会见冰外交部北极事务高官》，https://www.mfa.gov.cn/web/system/index_17321.shtml，最后访问日期：2023 年 1 月 10 日。

益相关者，大肆宣扬中国的威胁。这使得一些与中国相距遥远并且不太了解中国的国家对中国产生了误解与怀疑。而在北极成为各国共同关注的地区后，这些犹疑又加深了一些。因此，最近两年中冰北极合作的进展比较缓慢，这既与西方国家的暗中阻挠有关，也与双方之间没有取得绝对的信任有关。

二　中国与冰岛的合作原因

作为北极域外国家，中国与北极小国冰岛开展合作，主要基于两个原因：一是北极地区形势受美国、加拿大等大国的影响较大；二是中国和冰岛在北极地区具有彼此契合的国家利益。

（一）北极地区的形势受大国的影响较大

中国有着国际法赋予的北极权益[①]，主要包括航行的权益、科学考察的权益、资源开发的权益、环境保护的权益。然而，中国想要实现这些权益依然面临着重重困难。首先是地缘政治的影响，中国从地缘上看属于近北极国家，中国以观察员身份参与北极事务的道路一直困难重重，直到 2013 才被接纳成为北极理事会观察员国。其次，国际社会对中国存在一些误解。近年来国际上关于"中国威胁论"的声音此起彼伏，这些声音认为中国的成长会威胁其他国家的安全。看到中国积极参与北极事务，它们就认为中国是故意插手北极事务，与北极八国抢夺北极资源，分享北极权利。为此，中国在 2018 年 1 月发表了《中国北极政策》白皮书，阐明了中国对北极的政策和态度，给"中国威胁论"以回击。[②] 中方指出，中国在北极公海区域海域享有科研、航行、飞越和捕鱼等权利，在国际海底区域享有资源勘探和开发等权利。[③] 由此可以看出中国并没有所谓的"借机插手北极地区"的意图，而是合理享有和维护自己的北极权利。

冰岛作为北极八国之一，是距离北极圈最近的国家，有着天然独特的地

---

① 唐国强：《北极问题与中国的政策》，《国际问题研究》2013 年第 1 期。
② 钱婧、朱新光：《冰岛北极政策研究》，《国际论坛》2015 年第 3 期。
③ 李振福：《"中国的北极政策"白皮书有明确国际法依据和现实基础》，《中国远洋海运》2018 年第 2 期。

理位置，在北极航道开通后很可能会发展成为新的航运运输枢纽。但是北极事务一直被控制在大国手里。像冰岛这样的小国家的利益诉求很难得到满足。冰岛是一个严重依赖海洋资源的国家，海洋外交是它的特色，也是它的外交重点，北极地区的动态事关其各个方面的利益。因此面对大国环绕的北极，冰岛要想实现自己的利益，需要跳出北极国家范围，寻求外面的合作。

（二）中冰具有彼此契合的国家利益

中冰双方具有彼此契合的国家利益，其中最重要也是最突出的是北极航道开通带来的巨大经济利益。北极航道包括加拿大沿岸的"西北航道"和西伯利亚沿岸的"东北航道"，中国作为北极航道的利益相关者，时刻关注着北极航道的开通情况。在夏季的 8～9 月，冰川融化，北极航道可以短暂通行，尽管通行船只会受到诸多限制，但是北极航道所带来的便利是不可忽视的。这条线路大大缩短了中国与欧洲口岸的距离，相比于原来的苏伊士运河航道要缩短将近一半的路程，而且从我国沿海经北极航道到北美洲东海岸的路程要比走巴拿马运河缩短 3000 海里左右。北极航道的另一个优势是减少了很多不可控的风险，比如海盗袭击、恐怖主义威胁等。不管是距离还是安全方面都为我国节约了大量的人力物力资源，有效地降低了运输成本，提高了收益，使我国对外进口出口有了更多的途径。中国要想真正实现对北极航道的使用，最重要的是在北极国家拥有自己的大型集装箱港口，由于东北航道和西北航道都经过冰岛，北极航道一旦被广泛使用，冰岛一定会成为北极航道上最重要的交通运输枢纽。而冰岛因其重的战略位置脱颖而出，成为中国理想的合作对象。

对于冰岛来说，北极航道的开通是提高其经济地位和经济实力的重要契机。冰岛虽然是发达国家，人均收入水平高，但是受 2008 年美国金融危机的影响，冰岛经济呈衰退趋势，而且冰岛是北极国家中经济实力比较弱的国家，虽然海洋产业是其核心产业，渔产品出口是其外贸出口的重要组成部分，但是纺织、鞋类、钢材等劳动密集型的产业相当缺乏，正好与中国优势互补，双方展开合作可以实现利益翻倍、效益双赢。

（三）双方的北极政策与战略为合作提供契机

中国的北极政策主要关注的是北极的科学考察和资源开发，中国参与北极事务本着尊重北极国家的主权和利益、寻求北极事务的国际合作、维护北极地区的安全、和平解决北极航道的争端和共同开发北极资源的初心。① 2011 年，冰岛出台了北极政策，该政策有四个特点：（1）强调北极科研，提高探索北极的能力，积极谋求在冰岛北极科研领域的地位；（2）提高冰岛在北极事务理事会中的影响力，推动北极事务的国际合作，致力于和平解决北极争端；（3）加强北极生态环境的保护和进行北极环境外交，以确保北极资源的科学可持续利用；（4）利用北极地区的开发，加紧发展经济。通过这两个国家的北极政策对比可以看出，双方北极地区的政策有着很多契合的地方，双方都致力于开展北极科研，探索北极知识，在保护北极环境方面也不谋而合，最后都希望通过国际合作来解决北极问题。

三 中国与冰岛北极合作的前景

尽管在最近两年中国与冰岛北极合作的进程变缓，但是从国家利益和国际共同利益来说，双方进行北极合作有着美好的前景。下面分别从中国角度、冰岛角度以及国际角度来展望中国与冰岛持续进行北极合作的前景。

（一）中国角度

从中国角度来看，与冰岛继续加强北极合作，有利于打破中国在北极国家中的刻板印象，并且有助于实现中国在北极地区的经济利益，还可以为未来使用北极航道减少阻力。中冰持续稳定的北极合作对于中国有益处。

从经济上来说，一是有利于中国开拓新的北欧市场，二是北极航道的开通有利于降低中国的运输成本和运输风险。近几年，从中国的贸易进出口总额来看，中国的主要贸易合作伙伴依然是美国、日本、德国、印度、韩国等国，相较之下与北欧国家的贸易总额少很多。中国与冰岛持续合作，是中国与北欧国家发展贸易的一条捷径。特别是蕴藏着很大运输潜力的北极航道的开通，为中国进一步打开北欧市场提供了便利。北欧国家都是高度发达的资本主义国家，又因濒临海洋而有着丰富的渔业资源和地热资源。但是北欧国家的人口增长率很低，劳动力不足，并且劳动报酬高昂，同时

---

① 杨剑：《"中国的北极政策"解读》，《太平洋学报》2018 年第 3 期。

其产业结构不完善，轻工业不发达，像纺织这样劳动密集型的产业产品往往依赖进口。而中国的轻工业发展迅速，正好可以与北欧国家互补。中国与冰岛展开合作为中国和北欧国家加强贸易合作提供了一个新平台。

此外，北极航道的开通为中国与北欧国家的贸易往来开辟了一条新的海上运输线路。这一航道的开通结束了过去从地中海绕道到北欧的漫长之旅，现在从东北航线可以直达北欧国家，而且中途经过的国家与海峡比传统航线少，同时也减少了运输风险与关税支出。冰岛是北极航道必经的国家，在未来是世界上新的航运运输枢纽，中国与冰岛持续进行北极合作，等同于为以后在冰岛这个运输枢纽上预留了属于自己的席位。

中国与冰岛的北极合作具有广阔的前景，冰岛不仅可能成为中国进入北欧市场的突破口，而且还为中国与其他北极国家展开合作充当协调者的角色。

（二）冰岛角度

冰岛作为一个北欧小国，也是北约成员国，冰岛与中国进行合作，既可以提升国际地位，又可以实现产业结构调整。

冰岛是一个很小的四面环海的北欧国家，在国际上的地位比不上瑞典、挪威这些北欧大国，而且在实现自己的利益诉求上处处受到限制。与中国持续进行北极合作有利于提高冰岛的国际知名度，并且在不稳定的北极环境中有一个可以相互扶持、相互信任的伙伴。除此之外，冰岛与中国持续合作可以实现产业结构互补。冰岛四面环海，最丰富的资源就是渔业资源，此外还蕴藏着丰富的地热资源，但不足的是轻工业产业不发达。中国是人口大国，轻工业发展得非常完善，轻工业产品出口到美国、韩国、日本等很多国家。中国也蕴藏着丰富的地热资源，但是开发地热资源的技术不如冰岛成熟。中国与冰岛从 20 世纪 80 年代开始就有地热领域的合作，还产出了众多成果，中冰正好可以实现互补。另外，中冰在 2013 年签订了自由贸易协定，这为两国加强经济贸易往来提供了保障。同时，北极也蕴藏着丰富的地热资源，中冰在地热领域合作的经验可以应用到开发北极其他资源中，这样可以使中冰的北极合作友谊更加坚固。不管是从中国视角还是从冰岛视角，中冰继续北极合作，双方都是赢家。

（三）国际角度

北极目前有两大问题需要解决，一是主权问题，二是北极治理问题。主权问题涉及的国家是北极八国，主要围绕北极的岛屿、大陆架、海岭等展开激烈的争夺，其中俄罗斯和加拿大对北极航道控制权的争夺更是引起国际关注。北极治理问题则是全球治理问题，除了北极国家，域外国家对北极治理也格外关注，其中欧盟、中国、日本、韩国、印度等国家和组织积极参与到北极事务中。北极问题演变成国际问题后，北极治理成为中国参与全球治理的重要领域之一。

从 2018 年中国发表的《中国北极政策》白皮书中可以详细了解到中国参与北极事务的宗旨、目标与原则。中国在白皮书中表示中国参与北极事务是为了保障中国在北极拥有的国际公约和国际法赋予的北极权利，而不是外界所说的故意插手北极事务，争夺北极的石油资源。中国本着"尊重、合作、共赢、可持续"的基本原则参与北极事务。关于北极争端，中国一直以来都坚持用和平的方式解决，不希望北极成为战争场所。冰岛的北极政策中有着与中国北极政策契合的一面，冰岛也希望和平解决北极争端。中冰在北极问题的解决上不仅有共同的态度，而且都希望能够与其他北极国家建立合作机制。因此从国际环境上来看，中冰持续合作有利于推动北极态势的和缓，有效促进北极争端的和平解决。

四　结语

中冰继续合作不仅有益于中国与冰岛双方，同时还有益于维护世界和平与推动全球治理。但是，合作的道路不是一帆风顺的，在合作的过程中也会遇到一些困难。其中，既存在大国的阻碍，也不乏有待攻克的技术难题。中国投资北极国家一直以来受到很大的非议，如果加大合作力度，这些声音会不断变大。一旦美国、加拿大向冰岛施加压力，中国与冰岛的合作将会面临困难甚至危机。同时，北极天气复杂，人类生存困难，中冰开发北极的技术问题没有完全解决，科技的困难也成为中冰合作之路上的绊脚石。中国和冰岛的北极合作要想持续稳定下去就必须解决掉这两个拦路虎，与北极相关大国进行交流、谈判，将中冰合作发展为多国合作，共同致力于北极问题的和平解决。另外，要加强技术合作，建立科学合作机制，引导更多国家加入合作机制；在开发北极资源时，与其他国家进行技术分享，共同完善北极开发技术。

北极地区形势复杂多变，希望通过中冰北极合作的例子，使其他国家加入维护北极和平的行列之中。这要求尤其是在北极航道的问题中大家能够相互合作，使其成为一条新的安全的国际航道。此外，北极航道沿线国家还需要建立和完善安保设施和救援设施。如果各国能做到相互理解、相互合作，北极地区的资源和航道便可以造福人类。

中国社会学会海洋社会学专业委员会
换届大会纪要

张　一*

　　2022 年 12 月 31 日，中国社会学会海洋社会学专业委员会会员代表大会暨新一届理事会全体会议召开。中国社会学会海洋社会学专业委员会会员代表和上届理事会理事等近 50 人通过线上出席会议。大会分两个阶段进行，由理事会理事长崔凤教授主持。

　　中国社会学会海洋社会学专业委员会理事会理事长崔凤致欢迎辞，向参加会议的各位领导和嘉宾表示诚挚的欢迎，向多年来在专委会勤奋工作、无私奉献的各位同志表示崇高的敬意，向长期以来关心支持海洋社会学专

---

　　* 张一，中国海洋大学副教授，中国社会学会海洋社会学专业委员会秘书长。

业委员会发展的各级领导、广大校友和社会各界朋友们表示衷心的感谢。

此次会议一共有两项议程，第一项议程由理事长崔凤代表专委会向各位会员代表作了题为《凝聚学术力量，为海洋强国建设提供智力支撑》的工作报告，集中展示了自 2009 年开始向中国社会学会理事会提出筹建海洋社会学专业委员会的申请，2010 年筹建，2015 年海洋社会学专业委员会被国家民政部注册正式成立至今以来所取得的各项成果以及所面临的困境。

崔凤对海洋社会学专业委员会成立以来所做的工作表示肯定，并将其成果概括为四点。一是起点，以学术论坛为基础，不断提高专委会影响力。截止到 2022 年，在专委会的努力下海洋社会学论坛已经成功连续举办了 13 届，成为国内较有影响力的学术交流平台，获得了中国社会学会年会优秀论坛的称号并且论坛的论文也获得过中国社会学会年会优秀论文奖，在使社会学在国内的学术地位和影响力逐步提升的同时，也产生了一定的国际影响。比如受中国海洋社会学发展和海洋社会学专委会成立的影响，韩国于 2015 年成立了韩国海洋社会学会。二是开拓，以集刊和蓝皮书为抓手，推动专委会学术建设。专委会成立之后，海洋社会学会专业委员会会刊即《中国海洋社会学研究》学术集刊于 2013 年正式出版，截止到 2021 年，已经出版了 9 期。三是担当，以问题为导向，积极开展涉海研究活动。这主要体现在两个方面，一方面，海洋社会学专业委员会的理事们，依靠所在单位开展各种各样的涉海活动，收集研究数据，形成专业的学术报告；部分理事通过努力获得一项甚至多项国家社会科学研究项目，在他们各自耕耘的领域做出突出贡献。另一方面，各大高校和科研机构开始开办学术论坛，

比如上海大学举办的海洋文化与社会发展研讨会以及广州大学的海洋社会文化工作坊等。四是纵深，以个人建设为基础，推进专委会工作规范化。在专委会建设工作过程当中，完全遵照中国社会学会章程的要求开展学术活动，做好年审、工作计划、年终工作总结等工作。

崔凤指出，虽然海洋社会学专业委员会工作取得了一定的成绩，但仍要清醒地认识到与当前形势、任务发展要求相比还存在着很多不尽如人意的地方。比如，学术活动数量虽多但是质量还有待提高，特别是理论的观照、宏观的把握以及为海洋相关建设提供理论支撑上还存在不足，有重大影响的学术成果不多；海洋社会学会的开放度不够，与其他海洋领域的学术组织的学习交流不够，并且年轻人参加论坛的积极性不强，急需中坚力量；没有专门的经费来源导致学会经费不足从而使专委会活动受限；部分专家学者没有参与到海洋社会学专业委员会组织的各项活动当中去，作用没有充分地发挥；在准确抓住海洋强国建设需要优先解决的主要矛盾，将理论成果转化为有效的战略上存在不足等。这些问题都有待进一步解决。

最后，崔凤强调，专委会从筹建到正式成立再到今天，经历了13年的时间，在这13年时间里，经过同仁们的共同努力，专委会工作扎扎实实地开展起来，已经有了固定的活动和品牌，社会影响越来越大，这些成果来之不易，要倍加珍惜。同时，要清醒地认识到专委会的建设、海洋事业的发展，依然面临着诸多的困难，如逆水行舟，不进则退。大家必须团结起来，凝心聚力，加强社会建设，共同推动中国海洋社会的发展，为海洋强国建设贡献力量。

会员代表大会的第二项议程为选举新一届的理事会。新一届的理事会的选举通过线上投票来进行，理事会的候选理事名单根据相应标准和程序，经过了专委会的讨论审核，在从事海洋社会学研究的申报人中，最终确定了50位理事候选人。经过投票，50位理事候选人全票通过。

选举出新一届的理事会后，进行两项议程，一是选举理事长、副理事长和秘书长，会议选举产生了以崔凤为理事会理事长，王书明、宁波、陈涛、唐国建、刘勤、童志锋等同志为副理事长，张一为秘书长的专委会领导机构。其中，崔凤为上一届理事长，继续留任。王书明、宁波为上一届副理事长，继续留任。陈涛、唐国建、刘勤、童志锋、张一均为上一届理事会理事，一直活跃在海洋社会学领域，积极参加海洋社会学学术活动。

第二项议程是通过专委会拟聘任的副秘书长人选名单。为了开展正常的委员会工作需要聘任年轻的教师进入秘书处，担任副秘书长的职务。最终经过会长办公会的研究决定聘请王立兵、董震、高法成、王建友、陈晔为理事会的副秘书长。

新一届理事会理事长崔凤代表理事会进行致辞，他在致辞中对理事会的突出贡献、各位理事的期盼信任、社会各界的关心支持及中国社会学会的悉心指导表示了衷心感谢，并指出今后专委会工作的重点和方向，首先要继续做好专委会的三件套，即中国海洋社会学论坛、《中国海洋社会学研究》学术期刊和海洋社会学蓝皮书。其次，要加强国际学术交流，以东亚社会学会学术年会为平台，扩大巩固东亚的海洋社会学研究网络，并以东亚的海洋社会学研究网络为核心，形成全球海洋社会学院的网络；同时鼓励各个高校、科研机构举办与海洋社会学有关的国际会议并给予大力的支持。最后，要加强社会服务，为地方海洋经济、文化、社会生态文明建设贡献力量。专委会应与各地高校和科研机构对沿海地区的海洋经济发展、海洋文化发展以及海洋市场建设发挥应有的作用。

崔凤作总结讲话，他强调，要以习近平新时代中国特色社会主义思想为指导，认真学习习近平总书记关于海洋强国建设的重要论述，在中国社会学会的领导和指导下，在理事和学者同仁的支持下，根据专委会的宗旨，基于海洋社会学视角，以多种形式开展专委会的工作。此外，对于每一位理事来说，担任理事不仅仅意味着是一份荣誉，更意味着是一份义务和责任，每位理事要积极地参与到海洋社会学专业委员会举办的各种活动当中去，参与到每年一度的中国海洋社会学论坛中去。希望新一届理事会以新气象展现新作为，以新担当推动新发展，从而为推进海洋强国建设和社会学的繁荣做出应有的贡献。

新一届理事会成员名单

童志锋（浙江财经大学）　　　　　董震（大连海事大学）

赵爽（大连海事大学）　　　　　　李婷婷（大连海事大学）

孙绍文（大连海事大学）　　　　　郭思佳（大连海事大学）

梁鹤（大连海事大学）　　　　　　蔡静（大连海洋大学）

高法成（广东海洋大学）　　　　　于航（三亚学院）

罗余方（广东海洋大学）　　　　　周俊（燕山大学）

聂爱文（广东海洋大学）　　　　　陈晔（上海海洋大学）

崔凤（上海海洋大学）　　　　　　毕旭玲（上海社会科学院）

刘勤（广东海洋大学）　　　　　　莫为（上海海事大学）

宁波（上海海洋大学）　　　　　　文雅（上海海洋大学）

薛理禹（上海师范大学）　　　　　侯博文（哈尔滨工程大学）

刘计峰（厦门大学）　　　　　　　张虎彪（河海大学）

杨方（河海大学）　　　　　　　　陈涛（河海大学）

唐国建（哈尔滨工程大学）　　　　杨晓龙（山东工商学院）

高汝仕（浙江海洋大学）　　　　　胡细华（浙江海洋大学）

佘红艳（浙江海洋大学）　　　　　刘莉（中山大学）

洪刚（大连海事大学）　　　　　　王利兵（广州大学）

徐霄健（曲阜师范大学）　　　　　赵宗金（中国海洋大学）

王书明（中国海洋大学）　　　　　宋宁而（中国海洋大学）

张一（中国海洋大学）　　　　　　刘敏（中国海洋大学）

刘霞（青岛农业大学）　　　　　　党晓虹（青岛农业大学）

赵缇（青岛农业大学）　　　　　　王新艳（中国海洋大学）

俞鸣奇（中国海洋大学）　　　　　王建友（浙江海洋大学）

水宏（浙江海洋大学）　　　　　　郑小玲（闽江学院）

石腾飞（青岛大学）　　　　　　　林晓芳（浙江海洋大学）

《中国海洋社会学研究》征稿启事

一 征稿启事

《中国海洋社会学研究》是由中国社会学海洋社会学专业委员会主办、哈尔滨工程大学承办的学术集刊，每年出版一期，致力于中国海洋社会学的学科建设，反映中国海洋社会学界的动态。为此，本集刊力图发表海洋社会发展与变迁、海洋群体、渔村社会、海洋生态、海洋文化、海洋意识、海洋教育、海洋管理等相关领域的高水平论文，介绍和翻译国内外海洋社会研究的优秀成果。诚挚欢迎国内外学者踊跃投稿。

《中国海洋社会学研究》由社会科学文献出版社公开出版。为保证学术水准，《中国海洋社会学研究》采取编委会匿名评审的审稿方式。《中国海洋社会学研究》编委会拥有在本集刊上已刊作品的版权。作者应保证对其作品具有著作权并不侵犯其他个人或组织的著作权。译者应保证该译作未侵犯原作者或出版机构的任何可能的权利。来稿须同一语言下未事先在任何纸质或电子媒介上正式发表。中文以外的其他语言之翻译稿，须按要求同时邮寄全部或部分原文稿，并附作者或出版者的书面（包括 E-mail）的翻译授权许可。

任何来稿视为作者、译者已经阅读或知悉并同意本启事的规定。编辑部将在接获来稿一个月内向作者发出稿件处理通知，其间欢迎作者向编辑部查询。

二 投稿须知

1. 《中国海洋社会学研究》全年接受投稿，并于每年 7 月出版。
2. 论文字数一般为 10000—20000 字（优秀稿件原则上不限字数）。

3. 投稿须遵循学术规范，文责自负。

4. 来稿格式要求：

（1）论文信息：来稿论文的正文之前请附中文摘要（200—400 字）、关键词（3—5 个）。请在文档首页以页下注的形式附作者简介（示例：张三，哈尔滨工程大学人文学院教授，主要研究方向为海洋社会学）。若所投稿件为作者承担的科研基金项目成果，请注明项目来源、名称、项目编号。

（2）文献注释：参考文献及文中注释均采用脚注。每页重新编号，注码号为①、②、③……依次排列。多个注释引自同一资料者，分别出注。

（3）文章标题：文章一级标题用编号一二三，二级标题用（一）（二）（三），三级标题用1.2.3.，四级标题用（1）（2）（3）。所有标题左缩进两格，一、三级标题加粗，二四级标题不加粗。

（4）文章字体：论文标题使用黑体小三号字体并加粗，其他所有标题均为黑体小四号字，文章正文使用宋体小四号字体。

5. 参考文献示例：

（1）中文期刊论文：杨国桢：《中国需要自己的海洋社会经济史》，《中国社会经济史研究》1996 年第 2 期。

（2）中文图书：罗伯特·金·默顿：《十七世纪英格兰的科学、技术与社会》，范岱年译，商务印书馆，2000，第 115 页。

（3）中文学位论文：王利国：《我国海洋灾害应急管理政策研究》，中国海洋大学硕士学位论文，2012。

（4）英文期刊论文：Charmaz, K. "Grounded Theory：Methodology and Theory Construction." *International Encyclopedia of the Social and Behavioral Sciences（Second Edition）*, 2015, pp. 402 – 407.

（5）英文图书：Kim, Illsoo. *New Urban Immigrants：The Korean Community in New York. Prinveton.* 1981, N. J. ：Princton University Press.

（6）报纸：孙秀艳：《生态文明建设须落实党政同责》，《人民日报》2019 年 8 月 6 日，第 5 版。

（7）网址：《2019 中国海洋灾害公报》，http：//gi. mnr. gov. cn /202004/ t20200430_2510979. html，最后访问日期：2021 年 4 月 13 日。

6. 本刊暂不设稿酬，来稿一经采用刊登，作者将获赠该辑书刊 2 册。

7. 来稿请直接通过电子邮件方式投寄，电子稿请存为 word 文档并使用附件发送，电子邮箱：tangguojian@ hrbeu. edu. cn。

三 文章格式示例

论文标题[*]

张　三[**]

摘　要：200～400 字（楷体小四）

关键词：3～5 个，以空格键相隔

一 一级标题

海洋社会是中国现代整体社会中不可或缺的一部分，有着极其深刻的结构性与系统性。1996 年，杨国桢教授在其《中国需要自己的海洋社会经济史》给出了"海洋社会"的定义，即"指向海洋用力的社会组织、行为制度、思想意识、生活方式的组合，即与海洋经济互动的社会和文化组合"。[①] 21 世纪之初，杨国桢教授再次概括了海洋社会的概念内涵，认为海洋社会是"指在直接或间接的各种海洋活动中，人与海洋之间、人与人之间形成的各种关系的组合，包括海洋社会群体、海洋区域社会、海洋国家等不同层次的社会组织及其结构系统"。[②] 因此，中国要兼具陆海建设、发

---

[*] 本文为教育部一般人文社会科学研究项目"××××××××"（项目编号：20221231）的研究成果。

[**] 张三，哈尔滨工程大学人文学院教授，主要研究方向为海洋社会学。

[①] 杨国桢：《中国需要自己的海洋社会经济史》，《中国社会经济史研究》1996 年第 2 期。

[②] 杨国桢：《论海洋人文社会科学的概念磨合》，《厦门大学学报》（哲学社会科学版）2000 年第 1 期。

展海洋强国战略就必须认识到海洋社会的结构性与系统性。

……

（一）二级标题 A

1. 三级标题 A

2. 三级标题 B

（二）二级标题 B

图书在版编目(CIP)数据

中国海洋社会学研究. 2022 年卷：总第 10 期 / 崔凤
主编. -- 北京：社会科学文献出版社，2023.6
　ISBN 978 - 7 - 5228 - 1792 - 7

　Ⅰ.①中… 　Ⅱ.①崔… 　Ⅲ.①海洋学 - 社会学 - 中国
- 文集 　Ⅳ.①P7 - 05

中国国家版本馆 CIP 数据核字(2023)第 085945 号

中国海洋社会学研究（2022 年卷 　总第 10 期）

主　　编 / 崔　凤

出 版 人 / 王利民
责任编辑 / 庄士龙　胡庆英
文稿编辑 / 谭紫倩
责任印制 / 王京美

出　　版 / 社会科学文献出版社·群学出版分社（010）59367002
　　　　　 地址：北京市北三环中路甲 29 号院华龙大厦　邮编：100029
　　　　　 网址：www. ssap. com. cn
发　　行 / 社会科学文献出版社（010）59367028
印　　装 / 三河市尚艺印装有限公司

规　　格 / 开　本：787mm × 1092mm　1/16
　　　　　 印　张：14　字　数：222 千字
版　　次 / 2023 年 6 月第 1 版　2023 年 6 月第 1 次印刷
书　　号 / ISBN 978 - 7 - 5228 - 1792 - 7
定　　价 / 89.00 元

读者服务电话：4008918866